岭南中药
牛大力

郑小吉
赵　斌　主编
朱照静

SPM
南方传媒　广东科技出版社
全国优秀出版社
·广州·

图书在版编目（CIP）数据

岭南中药牛大力 / 郑小吉，赵斌，朱照静主编. —广州：广东科技出版社，2023.11

ISBN 978-7-5359-8099-1

Ⅰ.①岭…　Ⅱ.①郑…　②赵…　③朱…　Ⅲ.①药用植物　Ⅳ.①S567.9

中国国家版本馆CIP数据核字（2023）第105064号

岭南中药牛大力

LINGNAN ZHONGYAO NIUDALI

出 版 人：	严奉强
责任编辑：	李　芹　郭芷莹
封面设计：	集力書裝　彭　力
装帧设计：	友间文化
责任校对：	陈　静
责任印制：	彭海波
出版发行：	广东科技出版社
	（广州市环市东路水荫路11号　邮政编码：510075）
销售热线：	020-37607413
	https://www.gdstp.com.cn
	E-mail：gdkjbw@nfcb.com.cn
经　　销：	广东新华发行集团股份有限公司
印　　刷：	广州一龙印刷有限公司
	（广州市增城区荔新九路43号一栋自编101房
	邮政编码：511340）
规　　格：	889 mm×1 194 mm　1/32　印张5.375　字数130千
版　　次：	2023年11月第1版
	2023年11月第1次印刷
定　　价：	48.00元

如发现因印装质量问题影响阅读，请与广东科技出版社印制室联系调换（电话：020-37607272）。

编　委　会

主编简介

郑小吉

　　广东江门中医药职业学院教授，主任中药师。曾任江西中医药高等专科学校附属医院副院长、江西中医药高等专科学校附属中药饮片厂厂长、江西中医药高等专科学校中药系主任，多年担任广东中药技能竞赛总教练。获江门市首届十大杰出教师、南粤优秀教师、广东省首届职教名师、广东省优秀专业中药学带头人荣誉称号。主编的《药用植物学》获国家首届优秀教材二等奖。主持国家级、省级课题6项，在国内专业刊物发表论文37篇，主编学术专著和教材25部，荣获国家级、省级13项奖励。

主
编
简
介

赵斌

　　广东江门中医药职业学院中药学教授，中药学博士、博士后。广东省高等职业教育专业领军人才培养对象，广东省高等学校"千百十人才培养工程"省级培养对象。多年从事岭南道地药材炮制及质量标准研究，主持过广东省科技计划项目、广东省教育厅自然科学重大项目、中山市公益类重大项目研究。迄今发表研究论文20余篇，获中国专利授权10余件。

朱照静

　　二级教授，博士，博士后合作导师，重庆市教学名师，重庆医药高等专科学校副校长，毒性中药给药系统重庆市重点实验室主任，重庆市药物制剂工程技术研究中心主任，重庆市中药药剂学重点学科负责人，国家"双高"药学专业群负责人，国家首批职业教育教师教学创新团队负责人，国家职业教育药学专业资源库负责人。

前

言

Preface

　　牛大力具有悠久的药用和食用历史。除直接用于多种中成药，如壮腰健肾丸、强力健身胶囊等外，还在广东、广西民间被用作保健汤料。牛大力主产自岭南地区广东、广西、海南三省区，牛大力为药食两用药材，性温和、气味甘香，有壮阳、养肾补虚、强筋活络、平肝润肺等功效，主治肾虚、血气不旺、风湿骨痛等症。

　　广东、广西、海南三省区在牛大力的种植、研发、生产加工等方面具有较大进展，其产业发展生机勃勃。

作者团队将关于牛大力的研究成果及收集到的历史与现代研究资料汇集成册，全面挖掘和整理本草医籍，除收集现代医药工作者对牛大力进行研究和应用所取得的成果外，本书还融入了作者团队对牛大力研究所取得的成果，是国内第一本全面系统总结牛大力的专著，内容包括牛大力的药用历史、生药研究、高产栽培技术、化学成分研究、药理作用及安全性研究、临床应用、药膳食谱。相信本书的出版对于未来牛大力的研究、应用与开发将会起到积极的推动作用。

本书是研究和应用岭南草药重要的参考书，本书的编写工作，得到广东江门中医药职业学院、重庆医药高等专科学校、河南百方千草实业有限公司的大力支持，在此表示感谢！

由于自身的知识水平有限，编写过程中难免存在错误和遗漏，希望读者给予批评指正。

编写组

2023年7月1日

目

录

———————— Contents ————————

1 第一章　牛大力药用历史

2 第二章　牛大力生药研究

第三章 牛大力高产栽培技术

第四章 牛大力化学成分研究

第五章 牛大力的药理作用及安全性研究

1

第一章

牛大力药用历史

第一节
本草溯源

　　牛大力别名有：①大口唇、扮山虎（《生草药性备要》）；②山莲藕、坡莲藕（《陆川本草》）；③九龙串珠、牛古大力（《中药辞海》）；④大力薯（广州部队后勤部卫生部《常用中草药手册》）；⑤山葛（《广东中药志》）；⑥美丽崖豆藤、牛枯大力士、猪脚笠、山藕、大力茨、大口牛（《广东中草药》）；⑦猪仔笠（《广州常用草药增订本》）；⑧大莲藕（《广西药用植物名录》）；⑨地藕（《南宁市药物志》）；⑩牛大力藤（《福建药物志》）；⑪扒山虎、血藤、金钟根、倒吊金钟、甜牛大力（《广东省中药材标准》第1册）。

　　牛大力始载于《生草药性备要》，称大力牛，载曰："味甜，性劫。"并具有"壮筋骨，解热毒，理内伤，治跌打。浸酒滋肾"的功效。《陆川本草》以山莲藕之名载曰："清肺止咳……清凉解毒。"主治"痢疾，咳血，温病身热口渴，头昏脑胀"。后多种本草均有记载，如《南宁市药物志》以地藕之名载曰："润肺止咳。治喘咳，肺炎，疝气。"广州部队后勤部卫生部《常用中草药手册》以牛大力之名载曰："舒筋活络，补虚润肺。"主治"腰腿痛，风湿

豆科植物美丽崖豆藤

牛大力药材

痹痛……慢性肝炎，肺结核"。《广东中草药》以牛大力之名载曰："（治）肺虚咳嗽……产后虚弱，四肢乏力……痈疮。"

　　民间常用牛大力治疗腰肌劳损、风湿性关节炎、肺虚咳嗽等病症。曾有记载：有些乡人，到了深秋时，掘取大量的山莲藕块根回来，洗擦干净泥污，切至极碎，放入沙盆里播成浆状，然后以密布袋载着，在清水里漂出它的粉质，放在当风当热的地方，挥发去水分，所得的粉末就是山莲藕粉（即牛大力粉），民间往往用山莲藕粉调理扭肚痛、痧湿热。

　　平素痰多，尤其有吸烟习惯之人，早上起床往往有一连串的呛咳，总要吐出十口八口胶黏黄痰，胸膈部位才觉舒服。应对此种咳痰问题，不时用牛大力煲猪瘦肉汤作为家常汤水饮用，祛痰止咳的效果颇不错。

牛大力可补腰肾、强筋骨，为岭南地区著名的药食两用植物，广东民间还广泛用牛大力做煲汤原料。人们习惯用牛大力和龙吐珠两种草药，配合肉类制成食疗品，或将之煎水做饮料，也可调理痰火、痰热问题，无论男女老少、身体强弱，服用皆没有什么大禁忌。此外，牛大力在20世纪70年代始作为壮腰健肾丸、强力健身胶囊等的原料用于中成药生产，在两广地区广泛应用。现代临床研究已证实牛大力对多种慢性疾病有治疗作用，如风湿性关节炎、肺结核、慢性支气管炎、慢性肝炎等。

第二节

牛大力传说

很多人初次听到"牛大力"这个名字感觉有点奇怪，其实关于"牛大力"名字由来的传说，一直为人们津津乐道。

其中有一个较为著名的民间传说，是与曾经被周恩来总理赞誉为"中国历史上第一位巾帼英雄"的冼夫人有关。冼夫人是中国古代岭南地区最受赞誉，也是最具传奇色彩的政治家。传说冼夫人率部平叛，在今阳江市阳东区一带激战数日未分胜负，部队粮草均供应不上，便寻找野菜野果充饥。有人误将一种不知名的植物的根部当成粉葛，用来煮汤吃。次日，这些军士精神抖擞、精力充沛。冼夫人觉得奇怪，便问缘由。军士将采挖的"粉葛"拿给冼夫人看，冼夫人询问各位将领，均说不是粉葛，但也说不出是何物。冼夫人便说："此物食之无毒，且强健精神，但食无妨。然万物皆有名，既食之力大如牛，当曰'牛大力'。"遂叫全军饮牛大力汤，一举击败叛军，大获全胜。

在此一千年后，牛大力的名气也广为流传，据说这与明代抗倭英雄陈璘有关。相传在明万历年间，在云浮、信宜一带，有许多草寇占山为王，四处为害，民不聊生。明万历皇帝下旨命陈璘率兵进剿。村民听说陈璘要率大军围剿草寇，欢呼雀跃，奔走相告。当陈璘率兵途经腰古芙蓉村时，村民决定盛情款待陈璘大军。于是杀鸡宰羊，倾尽所有。由于当时云浮山区还没有开发，瘴气很重，特别是遇上高温高湿天气，官兵经常腰酸背痛，全身乏力，严重影响了官兵们行军打仗的士气。当地村民了解到情况后，还专门熬了一大锅牛大力汤，其汤清香甘甜，回味无穷。又累又渴的官兵们胃口大开。令人意想不到的是，官兵们喝过牛大力汤后，人人龙精虎猛，精神抖擞，精神状态焕然一新，浑身充满了力气。陈璘觉得非常奇怪。于是，他向村民请教这是什么秘方。村民告诉陈璘，他们喝的是牛大力汤，有补虚润肺、强筋活络之功效，对于腰酸背痛更是疗效显著。由于陈璘大军体力恢复得很快，士气大增，一口气就平定了"三罗"地区（即现在的云浮、罗定、郁南一带）占山为王的草寇，陈璘被封为副总兵兼署东安参将。从此，牛大力汤就声名大噪，成为岭南地区民间广为流传的美食。

在"碉楼之乡"开平，也流传着一个关于牛大力的美丽传说。

清朝末年，在广东开平有一个第三代传人，中医造诣很高，治疗过许多疑难杂症，许多患者不远千里而来。他就是出身中医世家的张崇明。当他的儿子小远志诞生后，张崇明就对他寄予厚望，希望他能子承父业。而小远志确实不负众望，自小便对中医学产生了浓厚的兴趣。7岁的时候就开始涉猎一些简单的医学入门典籍，随着医学知识的积累，他对医道渐有所悟，医学志趣愈浓，自此确立了继承祖业、悬壶济世的志向。

1912年，在父老乡亲的支持下，张崇明在梁金山公园附近开设了一个专门传授中药学知识的"中医馆"学堂。在这个小学堂，小远志和一班年纪相仿的小孩子，跟随着一位老医师吴先生学习中药学知识。机缘巧合下，他认识了一个名叫"青黛"的美丽女孩。

这个美丽的女孩出生在恩平一个书香之家，后来因家乡遭遇了一场洪水，她的父亲为了救人不幸被洪水吞没。生活万般困难的情况下，青黛的母亲就带着她来到了开平，后又经过别人的介绍，母女俩就来到了远志的父亲所开设的百草堂做事。在这个小小的百草堂里，远志和青黛经常在一起背诵中草药口诀，互相提问，两人慢慢便结下了深深的情谊。

一个偶然的机会，他俩在山上挖到了一棵植物，一开始他们并不知道它叫什么名字，后来回到百草堂，一问吴先生才知道，原来这就是岭南地区的传世之宝——牛大力。远志的父亲交给了他们一个任务，让他俩一起去研究牛大力的药用价值。

后来，在远志父亲的指引下，远志和青黛一有时间就把精力放在研究牛大力这种药材上，还暗下决心要为牛大力出一本书。他们两人平时还跟着吴先生在药店学称药、煮药。两人的感情也越来越深厚，逐渐超越了一般的友情。

时光一晃就是十几年，为了把中医药的传统发扬光大，张崇明和妻子商量后，决定带着儿子远志一家三口去旧金山，把药铺开到旧金山去。纵使当时的远志有万般的不舍，最终还是离青黛而去。

岁月流转，20年过去了，远渡重洋的远志丝毫没有让他父亲失望，他以自己的刻苦勤奋赢得了父亲的首肯和广大患者的好评。他继承了父亲的衣钵，和父亲在旧金山开的药铺生意越做越好，每天来找远志开药方的人络绎不绝。

20年了，远志依然没有忘记自己的祖国，没有忘记藏在内心深处的她。

终于他踏上了回国的路，回到了儿时熟悉的地方。也就在这里，他不期而遇地碰上了二十多年不见的青黛，此时的她正在当地的"中医馆"学堂教书。此时此刻，一切尽在不言中。远志从怀里掏出一本书，递到青黛的手上。"金山之宝——牛大力"这几个醒目的大字映入她的眼帘。"咱们

农贸市场的牛大力

要好好地把这些老祖宗留下来的文化遗产继承并发扬光大。这就是我多年以来研究的'金山之宝——牛大力'。我终于把它完成了。我把这本书送给你。""这个就是我们小时候说的……"远志点点头，青黛抚摸着书，心想：原来，他一直都记得。两人相视一笑。

　　从此以后，他们不忘初心，继续研究药罐中的中草药——牛大力。远志给人把脉、开药，青黛从旁协助、学习；青黛给小孩教书，远志就在旁倾听，就这样，两人传承着一代又一代人的梦想。

　　"莲藕形状牛大力，冼夫人传好宝贝，开平金山是道地，强健精神最有名。"牛大力的故事就这样被一代又一代的人流传下来了。

2

第二章

牛大力生药研究

第一节
牛大力及其常见混淆品的植物形态特征

一、牛大力的植物形态特征

牛大力基源为豆科崖豆藤属植物美丽崖豆藤*Millettia speciosa* Champ。攀缘灌木，长1~3m。根系长，中部或尾端膨大，块根肥厚，外皮土黄色。幼枝被白色茸毛，渐变无毛。奇数羽状复叶，互生，长15~25cm；叶柄长3~4cm；托叶披针形，宿存；小叶7~17片，具短柄，基部有针状托叶1对，宿存；叶片长椭圆形或长椭圆状披针形，长4~8cm，宽1.5~3cm，先端钝短尖，基部钝圆，上面无毛，下面密被毛，尤以叶脉为密，小叶柄、总叶柄均密被毛。总状花序通常腋生，有时成为顶生的圆锥花序，长达30cm，总轴、花梗和花萼均被茸毛；花萼筒形，先端5裂，裂片三角形；花大，

野生美丽崖豆藤植物

长2.5cm，花冠白色、米黄色至淡红色，蝶形，旗瓣基部有2枚胼胝状附属物；雄蕊10，二体；雌蕊线形，密被茸毛，花柱内弯，柱头头状。荚果线状长椭圆形，扁平，长9～15cm，密被茸毛，果瓣硬革质，先端有喙，开裂后扭曲，种子4～6颗，卵形。花期7—10月，果期10—12月。生于海拔1 500m以下的山谷、路旁、灌木丛中。

生产上，牛大力栽培种大致分为黄毛大叶型和小叶型。

黄毛大叶型牛大力主要特点：半灌木状，根多分支，大小均匀或粗细不一，结薯快，木质或粉质；茎多攀缘，有时直立；叶大，叶脉较粗壮，被黄色茸毛。

黄毛大叶型牛大力1

黄毛大叶型牛大力2

小叶型牛大力的主要特点：藤蔓状，块根纺锤状，结薯多，粉质、甘甜，口感好；茎藤蔓状；叶小。

小叶型牛大力1　　　　　　　　　　小叶型牛大力2

二、牛大力常见混淆品的植物形态特征

（一）苦牛大力

苦牛大力基源为豆科崖豆藤属植物绿花崖豆藤 *Millettia championii* Benth.。主要区别特征：攀缘藤本。全株无毛。叶互生，奇数羽状复叶，长10～20cm；叶柄长3～5cm；托叶线

形，长2～3mm；小叶5～7片，柄长约3mm；叶片革质，卵形或长圆形，长3～8cm，宽1.2～3cm，先端渐尖或有时呈尾状，基部近圆形。圆锥花序顶生及腋生，长约15cm；花单生而密集，长约1.2cm；花萼杯状，疏生柔毛或无毛，先端5裂，裂齿三角形；蝶形花冠，黄白色，偶有红晕；雄蕊10，二体；子房线形，花柱内弯，柱头小。荚果线形，有柄，下部渐小，长7～12cm，宽0.5～1.2cm。种子2～3颗，扁圆形。花期6—8月，果期8—10月。生于海拔800m以下的山坡草灌丛中。

绿花崖豆藤

（二）千斤拔

千斤拔基源为豆科千斤拔属植物蔓性千斤拔*Flemingia philippinensis* Merr. et Rolfe。主要区别特征：直立或平卧半灌木。幼枝有棱角，被短柔毛。叶互生；叶柄长2～3cm，被长茸毛；托叶2片，三角状，长约1cm，具疏茸毛；三出复叶，顶生小叶卵状披针形，长4～8cm，宽2～3cm；先端钝，基部圆形，上面被疏短柔毛，下面密生柔毛，侧生小叶基部斜，基出脉3条；叶柄有柔毛。总状花序腋生，长2～2.5cm，花密集；萼齿5，披针形，下面1个较长，密生白色长硬毛，有密集的腺点；花冠紫色，稍长于萼，旗瓣椭圆形，基部变狭，无明显的爪；雄蕊10，二体；子房被毛。荚果长圆形，长7～8mm，被黄色短柔毛。种子2颗，圆球形，黑色。花期10—11月，果期10—12月。生于山坡草丛中。

蔓性千斤拔

第二节
牛大力及其常见混淆品的药材性状

一、牛大力的药材性状

牛大力以根入药，呈圆柱形或似多个纺锤形连接在一起，常切成不规则的块片，大小不一。表面黄白色或褐黄色，粗糙，有环状横纹。质硬，难折断，断面皮部灰白色，放射状纹理明显，纤维性，中间灰白色而略松泡，富粉性。气微，味微甜。

牛大力原药材图（圆柱形）

牛大力原药材图（纺锤形）

牛大力原药材图（莲藕形）

二、牛大力常见混淆品的药材性状

（一）苦牛大力

主要性状特征区别点：根圆柱形，不呈结节状，皮纹较细，皮孔较长，表面褐色，横切面可见放射状纹理，显木质，味苦。

（二）千斤拔

主要性状特征区别点：根长圆柱形，上粗下渐细，极少分支，长30～70cm，上部直径1～2cm。表面棕黄色、灰黄色至棕褐色，有稍突起的横长皮孔及稍扭曲的细皱纹，近顶部常呈圆肩膀状，下半部间见须根痕；栓皮薄，鲜时易刮离，刮去栓皮可见棕红色或棕褐色皮部。质坚韧，不易折断。横切面皮部棕红色，木部宽广，淡黄白色，有细微的放射状纹理。气微，味微甘、涩。

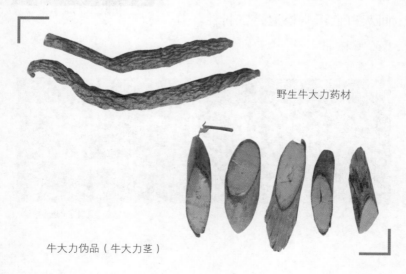

野生牛大力药材

牛大力伪品（牛大力茎）

第三节

牛大力及其常见混淆品的显微特征

一、横切面显微特征

（一）牛大力

牛大力根横切面显微特征：木栓层为4～18列细胞，浅黄色。栓内层细胞含草酸钙方晶。外皮层石细胞环带有3～16列石细胞。韧皮部较宽，薄壁细胞含黄棕色或红棕色物；纤维浅黄色，单个散在或数个成束；射线宽1～9列细胞。形成层明显。木质部浅黄色；导管较大，圆形或椭圆形，多单个散在，有的内含黄棕色或黄色物；木纤维成束，壁厚，纹孔不明显；木射线明显，1～9列细胞。薄壁细胞含众多淀粉粒。

（二）混淆品苦牛大力

混淆品苦牛大力皮层外侧无石细胞环，皮层内侧有棕色块断续排列，射线细胞3～7列稍纵向排列。

二、粉末显微特征

（一）牛大力

粉末灰黄色。木栓细胞类长方形或不规则形，壁稍厚、纤维多成束，黄色或近无色，呈长梭形，末端钝圆或稍尖，直径13～34μm，木化，孔泡明显。石细胞类圆形，壁厚，直径30～40μm，散在或成群。导管网纹、具缘纹孔，直径30～50μm。薄壁细胞呈长方形，直径20～30μm。淀粉粒单粒类圆形，直径12～20μm，脐点呈点状、人字形，复粒由2～6粒组成，偶见棕色块，呈条块状，红棕色，大小不一。

（二）混淆品苦牛大力

特征基本相似，区别在于棕色块较多，无石细胞。

第四节

牛大力饮片标准综述

一、性状要求

呈长圆形或不规则的片状。外表皮黄白色或褐黄色，粗糙，有环状横纹。切面皮部灰白色，放射状纹理明显。质硬，难折断，纤维性，中间略松泡，富粉性。气微，味微甜。

二、水分、总灰分、酸不溶性灰分要求

水分不得超过14.0%；总灰分不得超过4.0%；酸不溶性灰分不得超过0.5%。

三、浸出物含量

用稀乙醇为溶剂，不得少于10.0%。

四、炮制

除去杂质，洗净，润透，切片，干燥。

五、贮藏

置通风干燥处，防蛀。

3

第三章

牛大力高产栽培技术

第一节

生物学特征

一、生长发育特征

（一）种子习性

成熟种子颜色加深，粒大饱满，没有休眠特征。成熟种子采收后通常1～3个月内播种，发芽率可达80%～92%，6个月后播种发芽能力降低。

（二）植物生长习性

多年生灌木或木质藤本，定植后第1年，根系伸长期，向下生长，第2～5年根系膨大期。

（三）开花习性

定植第2年开花，花期7—10月，果期10—12月。

牛大力基地1

牛大力基地2

牛大力花

二、生态环境条件

（一）温度

喜温暖、光照充足环境，不耐阴、怕渍，种植地最适宜温度为18～24℃。如气温低于3℃，其生长基本停滞，地上幼嫩部位受害干枯，叶片脱落；气温高于37℃，其生长也基本停滞。

（二）光照

苗期喜阴凉环境，成株期喜阳光充足环境，在日照6～8小时以上的地方生长。

牛大力果实和种子1　　　　　　牛大力果实和种子2

（三）水分

苗期喜湿润，不耐旱，怕涝；成株期耐旱怕积水，当积水过多，容易烂根。

（四）土壤

牛大力是深根系作物，喜土壤肥沃、深厚、疏松、通气性好、不易板结、排灌良好的向阳缓坡地、山地及旱田，pH为5.5～7.5的红黄壤土、砂壤土或黄壤土最适宜。

牛大力生长环境

第二节

种植技术

一、栽培品种

目前，生产上根据植物形态主要分为两个品系：灌木品系（大叶种）和蔓生品系（小叶种）。两者在植株形态、块根大小等方面都有不同：灌木品种茎枝较硬，树形大，枝叶粗大，块根大多圆柱状或莲藕状；蔓生品种茎枝柔软，叶片细小狭长，块根圆柱状或梭形。

牛大力种植环境

牛大力种子

二、育苗技术

（一）繁殖方法、繁殖材料采集

1. 繁殖方法

有性繁殖（种子繁殖）。

2. 繁殖材料采集

果实10月中旬左右成熟，当果荚的颜色全部变黄但又没有裂开时将其采下。选择没有病虫害、生长势头良好、成熟期一致的单株作为母树，将采摘的果实摊放在通风干爽、空气相对湿度在30%～50%的室内，种子厚度要小于2cm，放置5～7天，果实干燥后，把果荚搓掉，选择质地均匀、籽粒饱满、不带虫卵的种子，置于8～12℃、没有光照的环境下阴干。

牛大力播种

（二）育苗地选择与整地

1. 育苗地选择、苗床选择

选择排灌良好的平地、缓坡地、山地及旱田，特别是在土壤肥沃、土层深厚、疏松、湿润、通气性好、不易板结的地块，pH为5.5～7.5的红黄壤土、砂壤土或黄壤土最适宜。

2. 育苗地整地

经过深耕、晒土、细耙后，平整畦面，高15～20cm、宽1.2～1.4 m、长度根据场地具体条件决定。

3. 营养杯的准备

选择直径3.0～5.0cm，长12.0～20.0cm的营养杯袋，装透气、透水的红黄壤土或微酸性的砂壤土，装好杯，横行按20～30杯袋排列，纵行依次排列，长度视育苗地的实际情况定。

（三）苗床消毒

用30%恶霉灵1 000倍液、95%敌磺钠300倍液或甲基硫菌灵1 000倍液等杀菌剂喷洒苗床消毒，15天后可进行播种。

（四）育苗月份

12月底或1月初。

（五）育苗技术

12月底或1月初，用50℃的恒温水浸种10分钟，再用自来水浸泡6小时，然后均匀播种在沙床上，沙床湿度以握在手中成团，触之即散为宜，同时沙子不宜过细。然后，在其种子上方再盖一层2.0～3.0cm湿细沙，保湿，拱棚上覆塑料薄膜，沙床温度稳定，种子露白后即可装营养杯。在每育苗杯表面放一粒露白种子，并以薄土盖住种子，淋足水，起拱棚，高约60.0cm，用塑料薄膜盖住，控制温度，到3月中旬至4月初去薄膜。

（六）育苗地管理

当幼苗生长到2～3片真叶时，要进行第1次修剪，增加幼苗的通风透光性，使其能出苗整齐。此后进行定苗，苗距控制在7～10cm，去除弱苗、病死苗、旺长苗，保留大小一致的幼苗定苗。

（七）育苗（出苗）标准

实生苗健壮，品种纯度≥98%，根系长到营养杯边缘，茎粗≥0.25cm，蔓生茎≤2条，苗高≥30cm，羽状复叶浓绿，没有病斑，无明显病虫害。

三、大田移栽

（一）种植地选择与整地

1. 种植地选择

选择排水浇灌良好的平地、缓坡地、山地及旱田等，特别是土壤肥沃、土层深厚、疏松、湿润、通气性好、不易板结的，pH为5.5～7.5的红黄壤土、砂壤土或黄壤土最适宜。

2. 分区

根据地形和地貌分为若干小区，每小区30～60亩。

（1）道路　根据园地规模进行合理规划，园地内应设立主道、支道和操作道，主道宽3～5m，贯穿整个园地，便于大型车辆通行；支道宽2～3m，与主道相连，将园地划分为多个地块或小区；田间操作道宽约0.5m，与支道或主道相连。山坡地种植主道和支道以环形路设置为宜。

（2）辅助设施 园地应配套水池、配肥池、肥料堆沤场所及仓库等设施。选择地势最高处或便于灌溉处修建蓄水池、配肥池、配电房，配置抽水、灌水设备和过滤装置，根据地形地貌安装铺设水肥一体化管道，在每株树根处安装滴（喷）水口1个，水肥一体化按《NY/T 2624—2014水肥一体化技术规范 总则》的规定执行。

（3）排灌系统 园地周边、园内道路两旁应修建主排水沟、支排水沟和畦间排水沟，园内各级排水沟相互连通，并与园外排水沟相连接。主排水沟贯穿整个园地，支排水沟一端与畦间排水沟相连，一端与主排水沟相连。各级排水沟深度和宽度根据往年降水量而定。

在山坡地可沿等高线修筑等高梯田，梯田向内倾斜，内侧开沟。5°以下缓坡地可不修筑梯田，采用等高种植，并建立配套的排灌系统。

3. 种植地整地

（1）整地 清除园地内杂草、石块、树桩及其他杂物。深翻土壤40cm以上，打碎、耙平，翻晒7天以上；重新耕作种植牛大力的园地可撒入70～80kg/hm²的生石灰，然后暴晒，防止土传病害的发生。

（2）起畦与施基肥 采用高畦深沟式，起高40～50cm、宽1.5～2.0m的畦面，两畦间留50cm的操作道。在畦中间沿

牛大力整地

畦走向挖深30cm、宽30cm的沟，在沟内施充分腐熟的农家肥或商品有机肥3 000～5 000kg/hm²，并均匀混入复合肥（15-15-15）2 250～3 000kg/hm²和钙镁磷肥750～1 500kg/hm²，或石灰粉500～600kg/hm²，施肥后整平畦面。起畦与施基肥应在种植前1个月内完成。

（二）铺膜

选择使用期限在3年以上的环保黑色降解薄膜或防草地布，膜宽与畦面同宽。若地块安装水肥一体化系统则应在已施肥且安装滴水管的垄面上铺

牛大力铺膜

设薄膜，若未安装灌溉设施则施肥后直接在垄面铺膜，膜四周用防草膜钉固定。

（三）移苗定植

1. 定植时期

容器苗可长年种植，但以春末夏初和秋季为好，宜选择阴天或早晚阳光稍弱时定植，并确保植物水分需求。

2. 种苗的要求

见育苗（出苗）标准。

3. 种苗处理

配制30%甲霜恶霉灵（含甲霜灵5%、恶霉灵25%）水剂800倍液，将种苗及其基质完全浸泡在溶液中3~5秒，或用该溶液淋水，处理后尽快种植。

4. 种植规格与密度

每畦种2行，行距约1m，株距0.8~1m，每亩种植600~800株。

5. 种植方法

按照定植密度打穴，每穴长10cm、宽10cm、高10cm为佳。即先剪开长宽10cm左右的地布（膜），然后挖出10cm深的小穴。定植时去掉育苗容器，将种苗根部放入穴中，轻轻压实，并淋足定根水。

（四）田间管理

1. 水分管理

定植后半年内应保持土壤湿润，干旱时在上午10点前或下午5点后浇水。种植半年后，若无严重干旱，植株无明显萎蔫，可不浇水。雨水过多时应及时排水，避免积水。

2. 施肥

（1）肥料使用原则　施肥提倡以有机肥为主，化肥为辅；以基肥为主，追肥为辅，控制氮肥，增施磷肥、钾肥。肥料的使用应符合《NY/T 496—2010肥料合理使用准则通则》规定的要求，根外追肥应符合《GB/T 17419—2018含有机质叶面肥料》和《GB/T 17420—2020微量元素叶面肥料》的规定。采用水肥一体化施肥方式的肥料应符合《NY/T 1107—2020大量元素水溶肥料》《NY 1428—2010微量元素水溶肥料》《NY 1429—2010含氨基酸水溶肥料》及《NY 2266—2012中量元素水溶肥料》规定的要求。

（2）施肥方法　种植20～30天后开始追肥，每株施富含磷钾的复合肥或牛大力专用肥20～30g，生长季节每2～3个月施肥1次，秋冬季每3个月施肥1次，用肥种类和数量与第一次相同。用水肥一体化系统浇灌，则每月施水肥1次，每株施浓度0.5%～0.8%复合水溶肥（15-15-15）溶液1.0～2.0kg，直接浇灌植株基部。

第二年每株施用浓度0.3%的复合肥（16-16-16）约0.2kg，浇灌植株基部，每2个月施肥1次，连施5～6次。第二年3—5月份施有机肥7 500～9 000kg/hm^{2}和复合肥（16-16-16）300kg/hm^2，在株旁开环沟或开穴施下，施后松土培土，以促进块根生长。如果需要开花留种，则在开花初期和果荚发育期追肥1次。

从第二年以后，每2年施1次有机肥，施肥时期、用量及方法同第二年。种植2年后，每3个月叶面喷施0.1%的磷酸二氢钾溶液1次或灌根1次，采收前3个月停止施肥，且应根据土壤养分情况酌情施用微量元素肥料。

3. 中耕、除草和培土

种植第二年起结合松土保墒除草2次，第一次在3—4月份，第二次在8—9月份，拔除植株周围的杂草，垄边及通道内的杂草可用锄头清除，尽量避免施用除草剂。

4. 搭架与整形修剪

（1）搭架　当苗高达40～50cm时，开始搭架。选用长约1.2m的竹条或木条，采用"三角式"斜插固定或以"人"字形搭架、直立式直插固定等搭架方式。生产中也可采取修剪顶芽而不搭架的方式。整个种植期不搭设支架，仅保留1～2条直立生长的藤蔓，藤蔓上部保留3～5条侧蔓。

牛大力搭架　　　　　　　　　　　　　牛大力修枝

（2）整形与控花　第一次修剪在主蔓长约1.5m时进行，去顶，剪掉全部花蕾及部分侧蔓。第二次修剪在种植9～12个月后进行，剪掉从基部生出的侧蔓，仅留主蔓，可在主蔓高1m处留3～5条侧蔓。此时可去梢，控制侧蔓长度不超过1m，植株总高度不超过2m。第二次修剪后，于每年的现蕾期和12月份各进行1次全面修剪，对不留种植株应摘掉花穗，控制侧蔓数不超过5条，侧蔓长度不超过1m，并限制植株高度不超过2.5m。在生长过程中，可随时修剪较长的侧蔓。对留种植株，可保留侧蔓5～7条，每株花穗数不超过50个。在植株茎蔓长至80～90cm时，摘去顶芽；每年的6—7月份，在开花期时，将不需要留种子的植株花蕾剪除。

第三节
病虫害防治

一、防治原则

贯彻"预防为主，综合防治"的植保方针，坚持以"农业防治、物理防治、生物防治为主，化学防治为辅"的防治原则。

二、物理防治

可采用黄板诱杀蚜虫、粉虱等害虫；人工捕捉甘薯天蛾等害虫；振频杀虫灯诱杀害虫；糖醋液诱杀蛴螬、蝼蛄、大蟋蟀和地老虎等地下害虫。

黄板防虫

三、生物防治

保护和利用自然天敌，推广使用生物农药防治病虫害；利用球孢白僵菌等控制天牛、蚜虫等。

四、化学防治

农药品种的选择和使用应符合农药合理使用准则的规定。

（一）主要病害防治方法

牛大力病虫害相对较少，常见病害如白粉病、叶斑病、根腐病等。防治措施如下：

1. 白粉病

及时剪除病枝、病芽、病叶，清理园内的腐枝烂叶，以减少侵染来源，用丙森锌70%可湿性粉剂500～600倍液喷施防治，每7天喷1次，连续2～3次，具体视情况而定。

2. 叶斑病

用38%恶霜嘧铜菌酯水剂800～1 000倍液或4%氟硅唑乳油1 000倍液，每7天喷1次，连续3～4次。

3. 根腐病

选用30%甲霜恶霉灵（含甲霜灵5%，恶霉灵25%）水剂600～800倍液灌根。

（二）主要虫害防治方法

1. 线虫

选用淡紫拟青霉、阿罗蒎兹等生物杀线虫剂对水淋兜或土施防治线虫，隔7天喷1次，连续喷2～3次即可。

2. 蚜虫

可用吡虫啉、啶虫脒等药剂防治，隔7天喷1次，连续喷2～3次即可，也可以采用"粘虫板"防治。

第四节
采收加工

一、采收时间

种植4～5年及以上方可采收，全年可采，以每年秋、冬季采收为宜。

牛大力1

二、采收方法

当牛大力叶片大部分转青黄时，可选择晴天进行采收。采收时应先清除地上藤蔓和薄膜，用机械挖出根部，机械难以操作的地方需人工采挖，采挖时沿根系逐步清除土壤，直至挖出可用根系，及时剪掉茎枝，去除烂根和有病虫害的根系，并分别按直径大小分级，

牛大力2

用清水冲洗干净。若需长期保存则应切成0.3～0.5cm厚的薄片，晒干，或在不高于60℃的干燥设备内烘干至含水量为7%～12%。

三、包装、运输、储存

包装材料用塑料尼龙布，包装前须清除杂质，每件重25kg。运输工具必须干净、干燥、无异味。严禁与可能污染其品质的货物混装运输。应储存在干净、干燥、阴凉、通风、无异味的专用仓库中。

4

第四章

牛大力化学成分研究

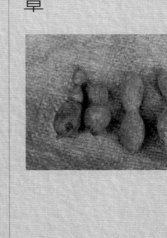

化学成分是构成牛大力品质的内在物质基础，本章就牛大力的化学成分做一综述，为其进一步开发利用提供理论依据。

第一节

牛大力化学成分分析

目前，对牛大力化学成分的研究主要以其根部为主。Uchiyama等最早从牛大力75%的乙醇提取物中分离得到2个新的齐墩果烷型三萜皂苷和2个已知的紫檀烷类化合物。

王春华等在这个基础上，应用多种色谱技术对牛大力的根进行分离纯化，并通过核磁共振光谱鉴定化合物的结构。从牛大力根的乙醇提取物的乙酸乙酯部位分离得到13个化合物，分别鉴定为：（-）-高丽槐素、芒柄花素、3,4,2′,4′-四羟基查耳酮、圆齿火棘酸、（-）-丁香脂素、二氢去氢二愈创木基醇、5-羟甲基糠醛、α-甲氧基-2,5-呋喃二甲醇、2,5-二羟基苯甲酸、豆甾醇、豆甾醇-3-O-β-D-葡萄糖苷、β-谷甾醇、胡萝卜苷。

赖富丽等采用气相色谱-质谱联用技术（GC-MS）对牛大力藤叶片脂溶性成分进行分析测定，共鉴定了41个化学成分，分别鉴定为：甲基-N-乙基顺丁烯二酰亚胺、α-紫罗兰酮、香叶基丙酮、二氢猕猴桃内酯、月桂酸、肉豆蔻酸、黑燕麦内酯、肉豆蔻酸乙酯、植二烯、6,10,14-三甲基-2-十五烷酮、邻苯二甲酸丁酯、新植二烯、十五酸乙酯、（*E.E*）-金合欢醇丙酮、软脂酸、棕榈酸乙酯、十七（烷）酸、十七烷酸乙酯、叶绿醇、亚油酸、亚麻酸甲酯、亚油酸乙酯、亚麻酸乙酯、硬脂酸乙酯、4,8,12,16-四甲基十七烷基-4-内酯、花生酸乙酯、邻苯二甲酸二异辛酯、山嵛酸乙酯、二十四烷酸乙酯、2,2-二甲基-3-（3,7,12,16,20-五甲基-3,7,11,15,19-五甲基-二十一烷）环氧乙烷、角鲨烯、*δ*-维生素E、*γ*-维生素E、维生素E、8-5-麦角烯甾醇、豆甾醇、*γ*-谷甾醇、羽扇-20（29）烯-3-酮、环阿屯醇、蒲公英甾醇、豆甾-4-烯-3-酮。

宗鑫凯等通过对牛大力根进行分离纯化，从牛大力95%乙醇提取物中分离得到5个化合物，分别鉴定为：异甘草素、高丽槐素、紫檀素、美迪紫檀素和高紫檀素。

王祝年等从牛大力根95%乙醇提取物的乙酸乙酯部分分离得到了7个化合物，分别鉴定为：2′,4,4′-三羟基查耳酮、紫檀素、3′,7-二羟基-2′,4′-二甲氧基异黄酮、高丽槐素、豆甾醇、*β*-谷甾醇、胡萝卜苷。

王呈文等应用多种色谱技术从牛大力根95%乙醇提取物的石油醚部位分离得到了5个化合物，分别鉴定为：紫菀酮、咖啡酸羽扇豆醇酯、二肽金色酰胺醇酯、顺丁烯二酸、7-酮基-*β*-谷甾醇。

王茂媛等从牛大力茎95%乙醇提取物的乙酸乙酯部位分离得到了7个化合物，分别鉴定为：4,2′,4′-三羟基查耳酮、高丽槐素、4′-羟基-7-甲氧基二氢黄酮、谷甾-5-烯-3,7-二醇、β-谷甾醇、豆甾醇和β-胡萝卜苷。

王呈文等采用大孔吸附树脂、硅胶柱色谱、葡聚糖凝胶柱色谱和重结晶等分离方法进行分离纯化，从牛大力95%乙醇提取物中分离纯化得到16个化合物，分别鉴定为：7-羰基-β-谷甾醇、橙黄胡椒酰胺乙酸酯、紫菀酮、顺丁烯二酸、补骨脂素、N-甲基金雀花碱、咖啡酸羽扇豆醇酯、双去甲氧基姜黄素、香草酸、丁香酸、6-甲氧基二氢血根碱、甘草酸、（E）-3,3′-二甲氧基-4,4′-二羟基-1,2-二苯乙烯、五味子醇乙、7-羟基千金子二萜醇、苷松新酮。

陈德力等首次通过对牛大力根脂溶性成分的研究，分离获得3个根脂溶性提取物，分别鉴定出31个成分（主要为苯基衍生物和不饱和脂肪酸），57个成分（主要为苯基及其衍生物和不饱和脂肪酸）和50个成分（主要为苯基及其衍生物、不饱和脂肪酸、饱和脂肪酸及其他种类）。

王茂媛等用索氏提取法和溶剂萃取法分别提取牛大力花苞、花朵和果荚的脂溶性成分，经GC-MS分析，从花苞脂溶性成分中鉴定出24个化合物，主要为烷烃和烯烃类化合物（52.00%）、醇类化合物（17.46%）；从花朵脂溶性成分中鉴定出29个化合物，主要为烷烃和烯烃类化合物（60.64%）、醇类化合物（17.178%）；从果荚脂溶性成分中鉴定出32个化合物，主要为烷烃和烯烃类化合物（32.56%）、苯基及其衍生物（22.46%）、脂肪酸类化合物（12.54%），其中6个化合物为共有成分。

　　沈茂杰等对牛大力的乙醇提取物进行色谱分离，得到14个化合物，分别鉴定为 $3\beta,11\alpha$-二羟基-6（7），12（13）-二烯-乌苏烷、$3\beta,11\alpha$-二羟基-12（13）-烯-乌苏烷、异甘草素、美迪紫檀素、$2',4,4',\alpha$-四羟基二氢查耳酮、$2',4$-二羟基-4'-甲氧基查耳酮、高丽槐素、$3',4'$-二羟基-7-甲氧基异黄酮、4-羟基-$2',4$-二甲氧基查耳酮、$2',4',\alpha$-三羟基-4-甲氧基二氢查耳酮、毛蕊异黄酮、8-羟基松脂醇、甘草异黄酮、$3',4',7$-三羟基异黄酮。

　　李程勋等采用回流法提取牛大力精油，并利用固相微萃取技术对样品进行采集，运用GC-MS对样品成分进行测定，结合计算机谱库和人工谱图解析对样品成分进行鉴定，共测得牛大力精油化学成分65种，包括醛类、醇类、酸类、烃类、酮类和酯类等化合物，分别为：植酮、反式-3-辛烯-2-酮、4-庚酮、3-壬烯-2-酮、2-甲基-3-癸酮、2-仲-丁基环己酮、甲基壬基甲酮、2-甲基-环辛酮、甲基辛基甲酮、对甲基苯乙酮、5-十二烷基二氢-2（3H）-呋喃酮、3-亚甲基-1-氧代螺环[4.5]癸-2-酮、1-（3-丁氧基）-乙酮、2-溴代环庚酮、2-壬酮、己醛、癸醛、壬醛、2-十一烯醛、（E）-2-辛烯醛、（E）-2-癸烯醛、辛烷醛、（Z）-2-庚烯醛、庚醛、十一醛、（E）-2-壬烯醛、苯甲醛、（E,E）-2,4-壬二烯醛、6-甲基-乙酰-2-烯-4-醇、1-壬醇、1-辛烯-3-醇、正辛醇、（E）-2-辛烯-1-醇、烯丙基正戊基甲醇、正庚醇、薄荷醇、1,2-苯二甲酸-双（2-甲基丙基）酯、水杨酸甲酯、邻苯二甲酸二丁酯、己酸戊酯、棕榈酸甲酯、3-

辛烯基-2,3,4,5,6-五氟苯甲酸酯、邻苯二甲酸二异辛酯、甲
酸戊酯、8-甲基-1-十一碳烯、正二十一烷、十四烷、9,13-
环氧-7-烯、3-乙基-2-甲基-1,3己二烯、正十五烷、正十七
烷、二十五烷、（E）-十二烷基-5-烯-4-烯烃、11-甲基三
甲烷、2-环己基-环己烷、1-乙基-1-甲基环戊烷、己酸、壬
酸、庚酸、十一烷酰氯、O-(3-甲基丁基)-羟胺、6-甲基庚基
乙烯基乙醚、4-十八烷基吗啉、菲、2-己基-四氢呋喃。

　　除此之外，《中药大辞典》等书中记载牛大力根含有
生物碱。据报道，张宏武等首次从牛大力根中分离制备刺桐
碱对照品并通过高效液相色谱法建立了刺桐碱含量的测定方
法。牛大力的化学成分见表4-1。

表4-1　牛大力的化学成分

类型	编号	化合物		存在部位
		英文名称	中文名称	
生物碱类	1	Hypaphorine	刺桐碱	根
	2	N-methylcytisine	N-甲基野靛碱	根
	3	Sanguinarine	血根碱	根
	4	Erythroidine	刺桐定	藤、叶
黄酮类	5	Naringenin	(S)-柚皮素	根
	6	Liquiritigenin	甘草素	根
	7	Garbanzol	3,7,4′-三羟基黄烷酮	根
	8	7-hydroxy-6,4'-dimethoxyisoflavone	7-羟基6,4′-二甲氧基异黄酮	根
	9	Calycosin	毛异黄酮	根

（续表）

类型	编号	化合物		存在部位
		英文名称	中文名称	
黄酮类	10	2',5',7-trihydroxy-4'-methoxyisoflavone	2',5',7-三羟基-4'-甲氧基异黄酮	根
	11	2'-trihydroxybiochanin A	5,7,2'-三羟基-4'-甲氧基异黄酮	根
	12	6-methoxycalopogonium isoflavone A	—	根
	13	Demethylmedicarpin	3,9-二羟基紫檀碱	根
	14	3-deoxysappanchalcone	3-去氧苏木查耳酮	根
	15	2',4'-dihydroxy-4-methoxychalcone	2',4'-二羟基-4-甲氧基查耳酮	根
	16	2',4,4',α-tetrahydroxydihydrogenchalcone	2',4,4',α-四羟基查耳酮	根
	17	3',4'-dihydroxy-7-methoxyisoflavone	毛蕊异黄酮	根
	18	4-hydroxy-2',4-dimethoxychalcone	4-羟基-2',4-二甲氧基查耳酮	根
	19	2',4',α-trihydroxy-4-methoxy-dihydrogenchalcone	2',4',α-三羟基-4-甲氧基二羟查耳酮	根
	20	Isolicoflavonol	异甘草黄酮醇	根
	21	3',4',7-trihydroxyisoflavone	3',4',7-三羟基异黄酮	根
	22	Bavachin	补骨脂甲素	根
	23	Quercetin	槲皮素	根
	24	Isoquercitrin	异槲皮苷	根
	25	Licochalcone A	甘草查耳酮A	根
	26	Tectorigenin	鸢尾黄素	根
	27	Sulfurein	硫磺菊素	根
	28	Amentoflavone	穗花杉双黄酮	根
	29	Isoliquiritigenin	异甘草素	根

（续表）

类型	编号	化合物		存在部位
		英文名称	中文名称	
黄酮类	30	Maackiain	高丽槐素	根
	31	Medicarpin	美迪紫檀素	根
	32	Homopterocarpin	高紫檀素	根
	33	Formononetin	芒柄花素	根
	34	Pseudobaptigenin	赝靛黄素	根
	35	Millettiaspecosides D	—	主茎
	36	Khaephuoside B	—	主茎
	37	Seguinoside K	—	主茎
	38	Albibrissinoside B	—	主茎
	39	Millettiaspecosides A	—	主茎
	40	Millettiaspecosides B	—	主茎
	41	Millettiaspecosides C	—	主茎
	42	Bisdemethoxycurumin	双去甲氧基姜黄素	根
	43	Nardosinone	苷松新酮	根
	44	Stigmasterol glucoside	豆甾醇葡萄糖苷	根
	45	Pterocarpin	紫檀素	根
	46	7-hydroxy-4'-methoxyflavanone	7-羟基-4′-甲氧基黄烷酮	藤
	47	4,2',4'-trihydroxychalcone	4,2′,4′-三羟基查耳酮	藤
萜类和甾类	48	Shionone	紫菀酮	根
	49	Millettiasaponin A	—	根
	50	Millettiasaponin B	—	根
	51	Rutundic acid	铁冬青酸	根
	52	Pedunculoside	具栖冬青苷	根
	53	Daucosterol	胡萝卜苷	根
	54	7-carbonyl-β-sitosterol	7-酮基-β-谷甾醇	根
	55	7β-hydroxylathyrol	7β-羟基千金子二萜醇	根

（续表）

类型	编号	化合物 英文名称	化合物 中文名称	存在部位
萜类和甾类	56	Stigmasterol	豆甾醇	藤
	57	β-daucosterin	β-胡萝卜苷	藤
	58	7β-hydroxy-β-sitosterol	7β-羟基-β-谷甾醇	藤
	59	β-sitosterol	β-谷甾醇	藤
	60	7-oxo-β-sitosterol	7-酮基-β-谷甾醇	根
	61	Lupeolcaffeate	咖啡酸羽扇豆醇	根
	62	3β,11α-dihydroxy-6(7),12(13)-dieneursane	3β,11α-二羟基-6(7),12(13)-二烯乌苏烷	—
	63	3β,11α-dihydroxy-12(13)-dieneursane	3β,11α-二羟基-12(13)-二烯乌苏烷	—
	64	Phytol	叶绿醇	叶
	65	Clionasterol	γ-谷甾醇	叶
	66	Phytadiene	植二烯	叶
	67	Glycyrrhizic acid	甘草酸	根
	68	Pyracrenic acid	圆齿火棘酸	根
	69	Secoisolariciresinol	开环异落叶松树脂酚	根
	70	5,5′-dimethoxysecoisolariciresinol	5,5′-二甲氧基开环异落叶松树脂酚	根
	71	Polystachyol	南烛木树脂酚	根
	72	Syringaresinol	(+)-丁香树脂酚	根
	73	Psoralen	补骨脂素	根
类鱼藤酮类	74	Milltiaosa A	—	根
	75	Millettiaosas B	—	根
有机酸类	76	Linoleic acid	亚油酸	叶
	77	Maleic acid	马来酸	根
	78	Vanillic acid	香草酸	根
	79	Syringic acid	丁香酸	根

（续表）

类型	编号	化合物		存在部位
		英文名称	中文名称	
有机酸类	80	Hexacosanoic acid	蜡酸	根
	81	Docosanoic acid	二十二酸	根
其他类	82	Schisandrol B	五味子醇甲	根
	83	6-methoxydihydrosanguinarine	6-甲氧基二氢血根碱	根
	84	(E)-3,3'-dimethoxy-4,4'-dihydroxystilbene	(E)-3,3′-二甲氧基-4,4′-羟基-1,2-二苯乙烯	根
	85	Ethyl linolenate	亚麻酸乙酯	叶
	86	Methyl linolenate	亚麻酸甲酯	叶
	87	Ethyl linoleate	亚油酸乙酯	叶
	88	Ethyl palmitate	棕榈酸乙酯	叶
	89	Vitamin E	维生素E	叶
	90	5-hydroxymethylfurfural	5-羟甲基糠醛	根
	91	Tetracosane	正二十四烷	根
	92	Octadecane	正十八烷	根
	93	β-sitosterol acetate	β-谷甾醇乙酸酯	根
	94	8-hydroxypinoresinol	8-羟基松脂醇	—
	95	Butein	紫铆因	—
	96	Syringin	紫丁香酚苷(刺五加苷B)	根
	97	Aurantiamide acetate	橙黄胡椒酰胺乙酸酯	根
	98	Dihydrodehydrodiconifery alcohol	二氢去氢二愈创木基醇	根

第二节

牛大力主要有效成分

一、黄酮类成分

黄酮类化合物是一类存在于自然界的、具有2-苯基色原酮结构的化合物，普遍存在于绝大多数植物体内，对于植物的生长发育、开花结果及抗菌防病起着重要的作用。目前从牛大力中分离出43种黄酮类化合物，其中含量较高的为高丽槐素和芒柄花素。据报道，高丽槐素具有抗菌、抗癌和抗寄生虫等作用。芒柄花素则具有调节体内血脂代谢，抑制肝脏脂肪沉积和预防动脉粥样硬化，防治乳腺癌、前列腺癌及结肠癌，以及改善骨质疏松和妇女更年期症状等作用。两者结构式如下：

高丽槐素

芒柄花素

因牛大力药材中高丽槐素和芒柄花素含量较高，具有药理活性，可作为指标性成分，用于牛大力黄酮类成分的提取工艺和含量测定等研究。

勾玲等将牛大力黄酮类成分提取条件优化，以浸膏得率、芒柄花素的含量为考察指标，确定了最佳的牛大力热回流提取工艺为：细粉、80%乙醇提取、料液比1：20、提取温度80℃、提取时间1.5小时、提取次数2次。

谭志灿等采用效应面法优化牛大力总黄酮提取工艺。利用效应面法对牛大力总黄酮提取工艺进行研究，确定了牛大力总黄酮最佳提取工艺为：乙醇浓度81.07%、乙醇体积21.63倍、超声波提取2次、每次52.51分钟，温度60℃。在此条件下，牛大力总黄酮提取率达3.81mg/g。

高丽槐素和芒柄花素是牛大力中的主要黄酮类化合物，两者的含量直接影响牛大力的质量评估，因此，常被用作评价牛大力质量优劣的指标。

二、多糖类成分

多糖广泛存在于植物体内，是一类由醛糖或酮糖通过糖苷键连接而成的天然高分子多聚物，是植物体内重要的生物大分子，并具有非常显著的生理活性。牛大力多糖为牛大力主要成分，主要集中在水溶性部分，具有补肺滋肾、清热止咳、舒筋活络、提高免疫力、抗炎、抗疲劳、抗氧化和清除自由基的作用，是评价牛大力品质的一个重要指标。多糖的研究体现在提取工艺、分离纯化与含量测定等方面。

多糖的萃取溶剂可用水、稀醇、稀碱、稀盐溶液或者二甲基亚砜，因其常与其他成分共存于植物中，可利用多糖不溶于乙醇、甲醇或丙酮的性质，将中药水提取液浓缩后，加乙醇、甲醇或丙酮，使多糖沉淀出来。常用的提取技术有超声波提取法、水提醇沉法、酶提取法、酸碱提取法、微波法、超临界流体萃取法、固相微萃取法、半仿生提取法、大孔树脂吸附法、高速逆流色谱法。

苏芬丽等使用正交试验法对牛大力多糖的提取工艺进行了研究，确定了牛大力多糖的最佳提取条件为：料液比1∶20、提取温度100℃、提取时间1小时、提取2次，提取液浓缩至一定体积后加80%乙醇，置4℃冰箱中醇沉5小时。

李薇等采用微波辅助酶法对牛大力中多糖的提取工艺进行了优化，以粗多糖得率和多糖纯度双指标，确定了最佳提取条件为：果胶酶用量2.2%、酶解温度55℃、酶解时间2小时、微波时间70秒，制备粗多糖得率1.24%。

陈勇等利用星点设计—效应面法对牛大力多糖的提取工艺进行研究，确定最佳工艺条件为：提取温度89.3℃、料液比1∶32（g/mL）、提取106分钟，在此条件下测得多糖含量为558.5mg/g。

蔡红兵等用正交试验法研究牛大力多糖的提取工艺。确定最佳工艺条件为：药材粉碎过20目筛、加12倍量水、超声波20分钟。

三、其他类成分

目前，评价牛大力品质优劣的成分指标的研究主要集中在黄酮类和多糖类，而生物碱作为常见的一类活性成分，《广东省中药材标准》中收载牛大力根含生物碱，目前已经从牛大力中分离出4种。

第三节
牛大力营养成分

营养成分是指食物中可给人体提供能量、构成机体和组织修复及具有生理调节功能的化学成分。牛大力为广东著名的药食两用药材，广泛作为药膳或药酒的原料药。其中含有的营养成分除多糖外，还有其他微量元素或矿质元素，据文献报告，结果如下：

李移等用电感耦合等离子体发射光谱仪（ICP）测定了湛江地区产的牛大力的微量元素含量，结果发现其钙、镁、铁、锌等元素的含量比较丰富，测定结果令人满意。

黄翔等采用硝酸-高氯酸消解，应用火焰原子吸收光谱法测定牛大力中矿质元素，结果显示牛大力中钙、锰、镁、铁含量丰富，铜、铅含量较低。

除此之外，方草等采用常规的食品营养成分分析方法测定了多个营养指标含量，对海南和广西两地产牛大力的营养品质（糖、淀粉、纤维素、蛋白质、氨基酸、总膳食纤维、粗脂肪、维生素B_2、维生素C）的差异进行了比较分析。结果表明海南与广西两地产牛大力的营养品质及药用品质有明显差异。

陈晨等采用硫酸–蒽酮法和双缩脲法测定了牛大力中的糖类和蛋白质的含量；根据GB测定牛大力中的纤维素和维生素C的含量及对牛大力中维生素A和维生素E进行提取；采用紫外可见分光光度法测定了牛大力中色氨酸的含量；采用高效液相色谱法（HPLC）测定了维生素A、维生素E、维生素B_2、维生素B_3、维生素B_6及氨基酸的含量；采用电感耦合等离子体质谱法测定了牛大力中矿质元素的含量。结果显示，牛大力中多糖和纤维素的含量较高，重金属元素未超标，可作为新食品原料申请的优势。

第四节

不同炮制方法对牛大力中有效成分含量的影响

牛大力药食两用历史悠久，民间有用牛大力泡酒、蜜炙、清蒸的习俗。化学成分含量与药用功效息息相关，不同的炮制方法会对中药的成分含量产生影响。郑小吉团队以牛大力的不同炮制品为研究对象，考察牛大力生用、蜜炙、醋炙、盐炙、酒炙、酒蒸及清蒸对其高丽槐素和芒柄花素成分含量的影响，旨在为牛大力的炮制加工提供一定的实验依据。研究结果表明，牛大力生品所含高丽槐素和芒柄花素是最高的。经过炙法和蒸法后，两者的含量都有所降低，其中蜜炙牛大力含有的高丽槐素和芒柄花素含量略低于生品，但高于其他炮制品。清蒸牛大力的高丽槐素含量最低，酒炙牛大力的芒柄花素含量最低。高丽槐素含量从高到低的排列依次为：生品、蜜炙品、酒蒸品、醋炙品、盐炙品、酒炙品、清蒸品；芒柄花素含量从高到低的排列依次为：生品、蜜炙品、酒蒸品、醋炙品、盐炙品、清蒸品、酒炙品。

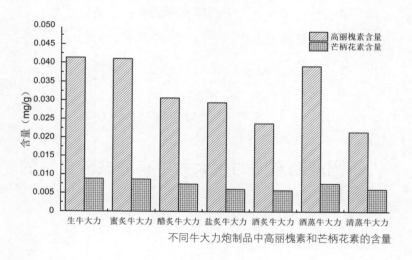

不同牛大力炮制品中高丽槐素和芒柄花素的含量

牛大力作为岭南地区传统的药食两用药材，炮制作为食药用前的必要工序，对其药效的影响不容忽视，经过加热炮制后的牛大力高丽槐素和芒柄花素的含量均呈下降趋势，说明温度能使牛大力黄酮类成分的含量减少，炮制加工对牛大力的药效成分含量会产生影响，可能导致牛大力药效作用的改变。

牛大力饮片

蜜炙牛大力

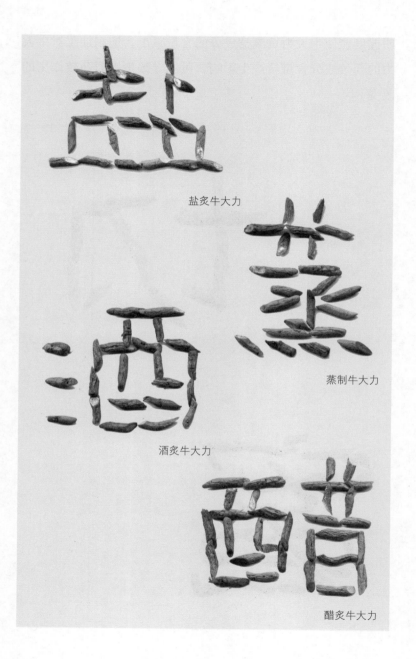

盐炙牛大力

蒸制牛大力

酒炙牛大力

醋炙牛大力

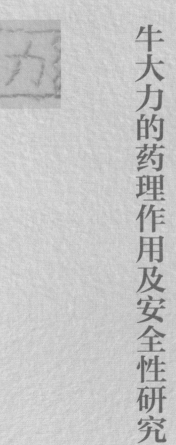

5

第五章

牛大力的药理作用及安全性研究

第一节
提高免疫功能作用

一、牛大力对抗体及白细胞介素-2的影响

吕世静等通过溶血空斑（PFC）试验、小鼠血清抗体凝集效价测定、血清白细胞介素-2（IL-2）活性测定等实验，研究牛大力对实验小鼠B淋巴细胞分泌特异性抗体及T淋巴细胞产生IL-2的免疫调节作用。实验小鼠经胃分别给予不同剂量的药物，用绵羊红细胞（SRBC）免疫后第4天做PFC试验。结果显示，给药组的各小鼠B淋巴细胞产生的溶血空斑数明显高于正常对照组（$P<0.01$）；将PFC试验组小鼠分离的血清，于当天测定其抗SRBC抗体凝集效价，结果发现给予不同剂量的各组小鼠，其血清中抗SRBC抗体凝集效价明显高于正常对照组（$P<0.01$）；小鼠脾细胞体外培养加刀豆蛋白A（Con A）刺激，测定IL-2活性，结果发现给予不同剂量药物的实验小鼠，其脾淋巴细胞产生（Con A诱生）IL-2的活性明显高于对照组（$P<0.01$）。

二、牛大力多糖对小鼠T淋巴细胞的影响

郑元升等从牛大力提取纯化多糖，采用流式细胞术检测多糖对Con A刺激引起的小鼠T淋巴细胞增殖的影响，探讨牛大力多糖对免疫系统的调节作用机制，为临床使用牛大力治疗多种慢性疾病提供理论和实验依据。方法：提取、纯化牛大力多糖，利用CFDA-SE染色，流式细胞术检测多糖对Con A刺激引起的小鼠T淋巴细胞增殖的影响。结果：终浓度为160μg/mL、800μg/mL、4mg/mL、20mg/mL的多糖对小鼠T淋巴细胞增殖呈剂量依赖性抑制，而终浓度为5μg/mL、25μg/mL、50μg/mL、125μg/mL的多糖对小鼠T淋巴细胞增殖起促进作用，剂量依赖关系不明显。得出结论为牛大力多糖对小鼠T淋巴细胞的增殖呈双向调节作用。

三、牛大力多糖对免疫抑制小鼠的免疫调节作用

石焱等探讨牛大力多糖对免疫抑制小鼠的免疫调节作用，采用环磷酰胺和荷瘤的方法建立免疫抑制小鼠动物模型，小鼠以灌胃的方法给予不同剂量牛大力多糖，利用噻唑蓝检测淋巴细胞转化及巨噬细胞吞噬中性红试验，分析牛大力多糖对免疫抑制小鼠的影响。结果发现牛大力多糖可增强吞噬细胞的吞噬功能，增加抗体形成细胞的数量，促进淋巴细胞转化，得出结论为牛大力多糖明显具有增强小鼠免疫功能的作用，以高剂量组效果最为显著。

四、牛大力对小鼠免疫功能的影响

韦翠萍等选用无特定病原体（SPF）级昆明小鼠，通过计算小鼠脾脏指数、胸腺指数、廓清指数和采用血清溶血素试验法、二硝基氯苯诱导小鼠迟发型变态反应试验法，观察高、中、低剂量牛大力（剂量分别为20g/kg、10g/kg、5g/kg连续给药12天）对正常小鼠免疫调节的影响。通过测定免疫抑制小鼠（灌胃给予醋酸泼尼松40mg/kg，连续给药14天）脾脏指数、胸腺指数及廓清指数，观察高、中、低剂量牛大力（剂量同前）对免疫低下小鼠免疫调节的影响。结果发现牛大力对正常小鼠脾脏指数、胸腺指数及廓清指数均无显著性影响，但能不同程度地增加免疫低下小鼠的脾脏指数、胸腺指数及廓清指数（$P<0.05$或$P<0.01$）。牛大力能显著提高小鼠血清溶血素含量（$P<0.05$），不同程度抑制小鼠迟发型皮肤过敏反应，但差异无显著性意义（与模型组比较，$P>0.05$）。得出结论为牛大力能不同程度地提高正常小鼠和免疫功能低下小鼠的免疫功能。

田纪祥等将SPF级小鼠随机分对照组，空白对照组，阳性对照组（维生素C），给药组低、中、高三个剂量组，连续给药15天。结果显示低剂量组、中剂量组、高剂量组、阳性对照组小鼠的胸腺指数、脾脏指数、抗体生成水平明显高于对照组和空白对照组，差异有统计学意义（$P<0.05$）；吞噬指数a高于对照组、空白对照组，差异有统计学意义（$P<0.05$）。得出结论为牛大力能够提高小鼠的免疫功能，且

低剂量组、阳性对照组具有一定的剂量依赖。

五、牛大力多糖对小鼠脾细胞增殖及分泌细胞因子的影响

王柳萍等观察牛大力多糖对小鼠脾细胞增殖及分泌细胞因子的影响，探讨其免疫调节的作用机制。采用噻唑蓝法检测牛大力多糖对Con A刺激小鼠T淋巴细胞增殖的影响；采用酶联免疫吸附测定（ELISA）法测定肿瘤坏死因子（TNF-α）、白细胞介素-6（IL-6）、前列腺素E$_2$（PGE$_2$）的含量。结果发现牛大力多糖浓度在50～200μg/mL范围内能增强Con A诱导小鼠T淋巴细胞的增殖作用；并对TNF-α和IL-6的产生有促进作用，对PGE$_2$有抑制作用。得出结论为牛大力多糖能促进小鼠脾细胞的增殖，通过调节细胞因子发挥免疫增强作用。

六、牛大力对免疫力低下大鼠体液免疫功能的影响

刘积光将SD大鼠随机分为空白对照组，模型组和牛大力低、中、高剂量组（分别为0.1g/kg、0.2g/kg、0.4g/kg）共5组。牛大力低、中、高剂量组灌胃给予相应剂量的药液，空白对照组、模型组灌胃给予相应体积的纯化水，连续10天。空白对照组第5天、第7天、第9天给动物皮下注射生理盐水；模型组和牛大力低、中、高剂量组于第5天、第7天、第9天给动物皮下

注射100mg/kg环磷酰胺。末次给药24小时后，测定血清IgG和IgM。取空白对照组和模型组大鼠脾脏，处理脾细胞，体外施加牛大力，培养48小时，测细胞上清液IgG、IgM。结果发现3个剂量组对免疫抑制小鼠血清IgG和IgM水平有明显提升作用（$P < 0.05$）；牛大力可增加正常小鼠脾细胞培养细胞上清液中IgG和IgM的含量；并能明显提高免疫抑制大鼠脾细胞产生IgG和IgM的能力，差异有统计学意义（$P < 0.05$）。得出结论为牛大力可改善免疫力低下状态，对体液免疫有一定提高作用。

第二节
抗疲劳应激作用

一、牛大力多糖对小鼠抗疲劳作用

罗轩等以牛大力为对象，利用小鼠爬杆和负重游泳为实验模型，研究了牛大力多糖的抗疲劳作用。实验随机将小鼠分为5组，分别为空白对照组、阳性药（人参蜂王浆7mL/kg）对照组、牛大力多糖低剂量组（212.5mg/kg）、中剂量组（425mg/kg）、高剂量组（850mg/kg），灌胃给药14天后，考察其对小鼠爬杆时间、负重游泳时间及乳酸（LD）、乳酸脱氢酶（LDH）、血尿素氮（BUN）含量的影响。结果表明，牛大力多糖能延长小鼠爬杆时间，增加小鼠游泳耐力，

降低LD、BUN的含量，提高LDH含量。且中剂量组的药效与
阳性药对照组的药效基本相当。

二、牛大力的抗运动性疲劳和抗应激作用

黄翔等采用SPF级昆明雄性小鼠作为实验对象，设立牛大
力低（5g/kg）、中（10g/kg）、高（20g/kg）剂量组和阴性对
照组。适应性饲养7天后，每天固定时间内用牛大力水煎液给
各剂量组小鼠灌胃，阴性对照组给予生理盐水，连续14天，
末次给药1小时后分别对小鼠进行负重游泳试验、耐缺氧试
验、耐低温试验及耐高温试验，并统计各试验中小鼠的平均
存活时间。结果发现牛大力能够显著延长小鼠在负重游泳试
验、耐缺氧试验、耐低温试验、耐高温试验中的存活时间（P
<0.01）；且随着牛大力水煎液浓度的增大，小鼠的存活时
间也相对延长，呈剂量—反应关系。得出结论为牛大力具有
一定的抗运动性疲劳和抗应激作用。

三、牛大力对亚健康小鼠的抗疲劳作用

杨增艳等制备亚健康小鼠的疲劳模型，通过对比给药前
后小鼠的力竭游泳时间，并结合生化指标综合评价牛大力水
提取物和牛大力醇提取物的抗疲劳作用。结果发现牛大力能
提高亚健康小鼠的力竭游泳时间，醇提取物中剂量组和水提
取物低剂量组的BUN含量明显降低。得出结论为牛大力对亚

健康小鼠具有抗疲劳作用。

四、牛大力对亚健康状态小鼠血常规的影响

　　杨其波等将60只小鼠随机分为空白对照组、模型对照组、水提取物高剂量组、水提取物低剂量组、醇提取物高剂量组、醇提取物低剂量组，共6组，每组10只。除空白对照组外，其余5组小鼠被强迫站立在深0.8cm水中，每天站立8小时，连续9天以建立疲劳型亚健康状态模型。空白对照组正常饲养、不给药，其余各组均须造模给药，灌胃给药剂量是0.4mL/10g体重，模型对照组灌胃给予生理盐水。给药实验组灌胃给予牛大力提取液，水提取物高剂量组和醇提取物高剂量组给药剂量均为80g/kg，水提取物低剂量组和醇提取物低剂量组给药剂量均为20g/kg，每天给药1次。最后一次灌胃给药24小时后摘眼球取血，检测各组小鼠红细胞计数（RBC）、白细胞计数（WBC）、血红蛋白含量（MCH）、红细胞比容（HCT）。结果发现与空白对照组、模型对照组比较，牛大力各剂量给药组小鼠的WBC、RBC、MCH、HCT明显升高（$P < 0.05$或$P < 0.01$）。得出结论为牛大力可以提高亚健康状态小鼠的造血功能。

五、牛大力多糖对小鼠常压耐缺氧的影响

　　唐专辉等以牛大力为对象，利用小鼠常压耐缺氧为实

验模型，研究牛大力多糖的抗疲劳作用。实验将小鼠随机分为10组，分别为空白对照组、阳性药（人参蜂王浆7mL/kg）对照组和8个给药组，每组10只，雌雄各5只。对应的给药组分别为牛大力多糖低分子量段1低、高浓度组（100mg/kg、200mg/kg）；牛大力多糖低分子量段2低、中、高浓度组（50mg/kg、100mg/kg、200mg/kg）；牛大力多糖高分子量段1低和2低、中、高浓度组（50mg/kg、100mg/kg、200mg/kg）。连续灌胃给药14天后，考察其对小鼠常压耐缺氧时间的影响。结果表明：与空白对照组比较，各个给药组都能一定程度地延长小鼠常压耐缺氧时间，并且呈现出明显的剂量效应。其中牛大力多糖高分子量段1低和2低浓度组的效果最好，高于阳性药对照组的药效。

第三节
保肝作用

一、牛大力对小鼠急性肝损伤的保护作用

周添浓等采用四氯化碳腹腔注射、56度白酒灌胃诱导小鼠急性肝损伤模型，观察牛大力对小鼠血清天门冬氨酸氨基转移酶（AST），血清丙氨酸氨基转移酶（ALT）活性及肝组织匀浆荧光法丙二醛（MDA）含量、肝脏指数、胸腺指数的

影响。结果发现牛大力能降低模型小鼠血清中AST、ALT活性，减少肝匀浆MDA含量，降低肝脏指数，提高胸腺指数。得出结论为牛大力有保肝的作用。

二、牛大力对斑马鱼肝纤维化损伤的保护作用

周楚莹等以3月龄野生型AB品系斑马鱼为研究对象，用二乙基亚硝胺（DEN）刺激4周构建斑马鱼药物性肝纤维化模型，后用高、中、低浓度牛大力水提取物进行干预。取肝组织做病理苏木精-伊红染色、天狼猩红苦味酸染色、Ⅰ型胶原蛋白（Collagen-Ⅰ）免疫组化染色，检测斑马鱼肝脏匀浆中α-平滑肌肌动蛋白（α-SMA）、TNF-α、Bcl-2相关X蛋白（BAX）表达水平。结果发现与模型组相比较，牛大力水提取物各给药组斑马鱼肝脏纤维化程度、病理损伤、胶原纤维沉积均有不同程度的减轻，其中以牛大力高浓度组（100mg/L）效果最为显著；牛大力高浓度组斑马鱼肝脏中Collagen-Ⅰ、α-SMA、TNF-α、BAX的表达均明显下降，差异均有统计学意义（$P < 0.01$）。得出结论为牛大力水提取物对药物性肝纤维化损伤的保护作用是通过抑制肝细胞凋亡、减少胶原纤维沉积实现的。

三、牛大力对大鼠肝纤维化的影响

杨增艳等开展体外细胞实验，利用细胞计数试剂

（CCK8）法观测牛大力水提取物对肝星状细胞（HSC）增殖的抑制作用，运用流式细胞仪检测HSC的凋亡情况。体内动物实验则采用复合因素制备肝纤维化大鼠模型，灌胃给予牛大力水提取物3周后，测定血清中Ⅳ型胶原（Ⅳ-C）、层黏蛋白（LN）、谷胱甘肽（GSH）及转化生长因子-β1（TGF-β1）、肿瘤坏死因子-α（TNF-α）的蛋白表达，并观察肝组织的病理变化。结果发现在体外细胞实验中，牛大力水提取物能抑制HSC的增殖，诱导HSC发生凋亡，且随着水提取物浓度增加抑制作用增强。而在动物体内实验中，牛大力水提取物组的LN水平显著降低，GSH的水平显著增加（$P<0.01$），但只有高、中剂量组的Ⅳ-C水平出现显著性降低（$P<0.01$）。另外，高剂量组的TGF-β1表达减少（$P<0.05$）。通过马松染色和HE染色发现，牛大力水提取物能改善肝纤维化大鼠肝组织的病变程度。得出结论为牛大力水提取物具有抗肝纤维化作用。

第四节

抗氧化作用

一、牛大力根油脂的抗氧化活性

弓宝等将牛大力根干燥粉末用70%乙醇浸提，结合硅胶柱层析分离，获得牛大力根油脂提取物F-1和F-2，同时采用加热回流法提取获得牛大力根油脂提取物F-3，并以2,2-二苯基-1-苦基-苯肼（DPPH）法和铁离子还原法对各油脂提取物的抗氧化活性进行评价。结果发现在DPPH法中，F-1、F-2及F-3的半数最高抑制浓度（IC50）值分别为203.18μg/mL、138.38μg/mL、244.10μg/mL，其铁还原氧化能力（FRAP）值分别为（7 712.2±274.7）μmol Fe^{2+}/g、（10 387.5±280.5）μmol Fe^{2+}/g、（4 584.1±182.3）μmol Fe^{2+}/g。抗坏血酸和2,6-二叔丁基对甲酚的IC50值分别为11.59μg/mL、53.69μg/mL，FRAP值分别为（17 356.1± 622.9）μmol Fe^{2+}/g、（13 235.4±469.5）μmol Fe^{2+}/g。得出结论为牛大力根油脂具有一定的抗氧化活性，且以F-2最强。

二、牛大力多糖的抗氧化活性

陈蓉蓉等建立了热水提取、乙醇沉淀、三氟乙酸除蛋白、Sephadex G-75凝胶过滤层析法，从牛大力分离纯化得到一种水溶性多糖，命名为MSP-1。通过红外光谱和离子色谱对其结构和单糖组成进行初步分析，结果表明MSP-1主要由鼠李糖、半乳糖、葡萄糖、甘露糖和果糖组成。同时对牛大力水提取物、牛大力醇沉物和牛大力粗多糖进行体外抗氧化活性研究，结果表明，三者的抗脂质过氧化作用和对羟基自由基（·OH）和DPPH自由基（DPPH·）清除能力为：牛大力水提取物＞牛大力醇沉物＞牛大力粗多糖，并呈量效关系。

三、牛大力总黄酮的抗氧化作用

曹志方等为了研究牛大力总黄酮（flavonoids from millettia specisoa champ，FMSC）的抗氧化作用，通过制备FMSC，分别测定了其体外和体内的抗氧化活性。FMSC的体外抗氧化活性结果表明：FMSC对DPPH·、·OH、氧自由基（$O_2\cdot$）有较强的清除能力，其IC50值分别为31.50μg/mL、225.04μg/mL、115.39μg/mL；此外，它对金属离子还具有较强的螯合和还原能力。在小鼠体内试验中，与模型组比较，FMSC不仅能降低小鼠血清中的BUN含量（29.63%）和提高总抗氧化能力（T-AOC）（58.89%）（$P < 0.05$），而且能提高肝组织中的总超氧化物歧化酶（T-SOD）（43.99%）、过氧化氢酶（CAT）（47.33%）和谷胱甘肽过氧化物酶（GSH-Px）（40.76%）活性和还原性谷胱甘肽（GSH）（62.17%）的含量（$P < 0.05$），此外，它还能降低MDA（36.53%）的含量（$P < 0.05$）。由此得出结论为FMSC在机体内外的抗氧化作用存在差异，其在体外的作用强于在体内的作用。整体而言，其抗氧化活性较强，且具有多途径和多方面参与抗氧化的特点。

四、牛大力总黄酮不同萃取物的抗氧化活性

王呈文等为了考察牛大力乙醇提取物中总黄酮的含量及其抗氧化活性，通过L16（45）正交试验，超声波辅助提取

牛大力中总黄酮，得到最佳工艺，再测试乙醇提取物和4个萃取物对·OH和DPPH·的清除效果。最佳工艺为：φ（乙醇）$= 75\%$、m（牛大力，g）：V（乙醇，mL）$= 1 : 25$、温度60℃、时间60分钟，该条件下，牛大力总黄酮得率可达2.14mg/g。其中，牛大力乙醇提取物中氯仿萃取物中黄酮含量最高为5.52mg/g；而且氯仿萃取物对DPPH自由基的清除效果最好，其IC50值为40.97μg/mL；乙酸乙酯萃取物对羟基自由基的清除效果最好，其IC50值为90.5μg/mL。牛大力乙醇提取物中石油醚、氯仿、乙酸乙酯萃取物都有很好的抗氧化活性，且稳定性、重复性好。

五、牛大力不同部位总黄酮、多酚的抗氧化活性

王立抗等以牛大力为原料，研究其不同部位总黄酮和多酚含量及其体外抗氧化活性。方法：采用AB－8大孔吸附树脂法富集牛大力不同部位的总黄酮和多酚，并对其含量进行测定。在此基础上，采用2,2′-联氮-双-13-乙基苯并噻唑啉-6-磺酸（ABTS）法、DPPH法和FRAP法评价其抗氧化能力。结果茎的总黄酮和多酚含量最高，分别为126.32μg/mg和96.982μg/mg。种子的总黄酮和多酚含量最低，分别为56.52μg/mg和70.46μg/mg。抗氧化能力随着样品中总黄酮和多酚类化合物含量的提高而提高。ABTS和DPPH自由基清除活性能力大小依次为：茎＞叶＞花＞根＞种子。茎对ABTS和DPPH清除能力的IC50值分别为7.16μg/mL和68.95μg/mL。FRAP大小顺

序为：茎＞叶＞根＞花＞种子。茎的FRAP值为0.56mmol Fe（Ⅱ）/g DW。得出结论为牛大力不同部位均含有较高的总黄酮和多酚含量，牛大力具有较好的体外抗氧化活性。

第五节
抗炎作用

一、牛大力水提取物的抗炎镇痛作用

刘丹丹等通过二甲苯诱发小鼠耳肿胀实验、腹腔注射乙酸致小鼠腹腔毛细血管通透性增高实验和大鼠棉球肉芽实验观察牛大力水提取物的抗炎作用；采用乙酸扭体法和热板刺激法观察牛大力水提取物的镇痛作用。结果发现牛大力水提取物能减轻二甲苯所致小鼠耳郭的肿胀度，抑制乙酸所致腹腔毛细血管通透性的增高，对大鼠棉球肉芽肿有明显的抑制作用，并能减少乙酸所致小鼠的扭体次数和提高小鼠对热刺激的痛阈值。得出结论为牛大力水提取物对急、慢性炎症均有抑制作用，对热和化学刺激引起的疼痛反应有明显的镇痛作用。

二、牛大力多糖对脂多糖诱导的小鼠单核巨噬细胞白血病细胞炎性因子释放的影响

齐耀群等选用小鼠单核巨噬细胞（RAW264.7）细胞，随机分为空白对照组，脂多糖（LPS）模型组，牛大力多糖低、中、高剂量组（10ng/mL、100ng/mL、1 000ng/mL），加药孵育2小时后，再加入10μg/mL LPS至培养板中继续培养10小时，ELISA法测定各组细胞炎性因子白细胞介素-1（IL-1）、IL-6、TNF-α的含量，蛋白质印迹法检测IκB-α蛋白及核转录因子-κB p65（NF-κB p65）蛋白的表达水平。结果与LPS模型组比较，牛大力多糖高、中、低剂量组均能不同程度地抑制LPS诱导的3种炎性因子IL-1、IL-6、TNF-α的释放（$P<0.05$，$P<0.01$），提高IκB-α蛋白表达（$P<0.05$，$P<0.01$），降低NF-κB p65蛋白的表达（$P<0.05$，$P<0.01$），且牛大力多糖对上述指标的作用强度与剂量呈正相关，各组间比较差异均有统计学意义（$P<0.05$，$P<0.01$）。得出结论为牛大力多糖可通过增加IκB-α蛋白和抑制NF-κB p65蛋白的表达，从而降低炎性因子IL-1、IL-6、TNF-α的释放，起到抗炎作用。

三、牛大力的抗炎活性

曹志方等为了评价几种具有清热解毒功效中药的抗炎效果，实验采用小鼠炎症模型对牛大力、溪黄草、凤尾草的抗

炎效果进行了比较研究。结果表明：三种中药对二甲苯所致小白鼠耳郭肿胀均有一定抑制作用，肿胀抑制率分别为牛大力56.32%、溪黄草27.97%、凤尾草33.72%，其中牛大力的抑制效果与阳性对照药氢化可的松相当；三种中药对乙酸所致小白鼠腹腔毛细血管通透性增加有明显抑制作用，抑制率分别为牛大力74.96%、溪黄草37.98%、凤尾草53.17%，其中牛大力对血管通透性增加的抑制效果最为显著。说明牛大力在抗炎作用上具有较好的开发前景。

四、甜牛大力和苦牛大力总黄酮对小鼠急性肺损伤的影响

杜顺霞等采用LPS致小鼠急性肺损伤（ALI）模型，观察甜牛大力总黄酮（TFRMS）和苦牛大力总黄酮（TFRMC）对小鼠ALI模型的抗炎作用，测定小鼠肺泡灌洗液（BALF液）中WBC和总蛋白量（Pro），免疫组化法测定小鼠肺组织中NF-κB p65蛋白的表达，ELISA法测定肺组织中IL-6和TNF-α含量，实时荧光定量聚合酶链反应（PCR）法测定IL-6、TNF-α信使核糖核酸（mRNA）的表达量，HE染色观察肺组织病理形态的改变。结果发现与正常组比较，模型组WBC、Pro、IL-6和TNF-α水平显著增加（$P<0.01$），肺组织有炎症改变；与模型组比较，TFRMS和TFRMC可明显减少小鼠急性肺炎BALF液的WBC和Pro渗出量（$P<0.05$，$P<0.01$），显著降低肺组织NF-κB p65蛋白水平（$P<0.01$），抑制IL-6、

TNF-α mRNA表达（$P<0.05$，$P<0.01$），降低肺组织中IL-6和TNF-α水平（$P<0.05$，$P<0.01$）；从组织病理学的角度上观察到，TFRMS和TFRMC各剂量组均可减轻LPS引起的急性肺损伤。得出结论为TFRMS和TFRMC均具有明显的抗炎作用，TFRMC和TFRMS作用效果相似，其抗炎作用机制可能是通过干扰NF-κB p65途径，减少IL-6、TNF-α mRNA表达，从而抑制IL-6和TNF-α炎症介质的生成。

五、牛大力多糖对大肠杆菌的预防作用

李崇等使用鉴别培养基鉴定、分子生物学鉴定、药物敏感性试验、毒力试验、毒力基因及耐药基因检测、血常规检测、肠道微生物多样性分析、肝脏转录组分析等相关试验方法，从猪源病料中筛选出适合建立动物模型的多重耐药大肠杆菌，并研究牛大力多糖对多重耐药大肠杆菌感染的小鼠疾病模型的临床症状、血常规、肠道微生物多样性、肝脏转录组的影响。结果发现临床收集的猪源病料共分离得到65株大肠杆菌，均为多重耐药大肠杆菌，有49株大肠杆菌具有明显致病性。结合药物敏感性试验结果、毒力试验结果与毒力基因及耐药基因检测结果，筛选出了一株含有*tetB*、*CTX-m-u*、*CTX-m-1*、*rmtA*、*rmtD*、*Sul1*、*Sul2*、*oqxA*耐药基因及*Iss3*、*fimC*、*cvaC*、*sodA*、*csgA*、*tsh*、*marA*毒力基因的多重耐药大肠杆菌，测得TLD为7.5×10CFU/mL，HLD为1.9×10CFU/mL并建立动物模型。临床观察发现牛大力多糖能延缓病程并

能增加血液中WBC及血小板计数（PLT）。对肠道中微生物多样性分析发现牛大力多糖能增加拟杆菌目所属的norank_f_Bacteroidales_ S24-7_group、乳酸杆菌属的丰富度，降低拟杆菌属、克雷伯氏菌属的丰富度。肝脏转录组分析发现牛大力多糖均能上调*Lbp*、*Vnn1*、*IL33*等与免疫功能有重要作用的基因表达，也能下调与炎症反应有关的某些基因表达，同时还能作用于Toll样受体信号通路、TNF信号通路、T细胞受体信号通路等与免疫功能有重要联系的通路。得出结论为通过相关试验发现牛大力多糖在预防动物感染多重耐药大肠杆菌类疾病时，在血常规水平、宏基因组水平、转录组水平对与免疫相关的细胞、基因与信号通路都有一定的调节作用，从而共同完成对疾病的预防作用。

六、牛大力对小鼠滑膜细胞炎症的影响

黄慧等将SPF级雄性威斯达小鼠60只随机分成正常对照组、模型组和研究组［牛大力低（4.55g/kg）、中（9.10g/kg）、高（13.65g/kg）剂量组］，每组各10只。除正常对照组外连续给药7天，正常对照组及模型组不做任何给药，每天灌胃给予等量的生理盐水，其余四组均通过小鼠右侧踝关节注射尿酸盐制造急性痛风性关节炎模型，检测比较造模前和注射尿酸盐48小时的血清一氧化氮（NO）、白细胞介素-1β（IL-1β）、TNF-α、PGE$_2$等炎症因子水平和血清尿酸（UA）水平。模型组验模成功后取关节囊和滑膜组织行HE染色观察

小鼠右侧踝关节滑膜组织病理改变情况。牛大力各剂量组以牛大力低、中、高剂量煎制成汤药，每天上午9点灌胃治疗1次，均连续治疗7天。治疗3天、7天时再次检测比较牛大力低、中、高剂量组的血清炎症因子水平和血清UA水平，并在治疗7天后对两组滑膜组织行HE染色观察小鼠右侧踝关节滑膜组织病理改变情况。结果发现四组注射尿酸盐48小时的血清NO水平较建模前降低，而血清IL-1β、TNF-α、PGE$_2$等炎症因子水平和血清UA水平均高于建模前，差异有统计学意义（$P<0.05$）。HE染色观察显示，牛大力中、高两剂量组滑膜组织血管充血肿胀，炎性细胞浸润明显。牛大力低、中、高剂量组治疗3天、7天的血清NO水平均明显高于模型组，而血清炎症因子水平和血清UA水平均低于模型组，差异有统计学意义（$P<0.05$）；牛大力低、中、高剂量组治疗3天、7天的血清NO水平均明显高于治疗前，而血清炎症因子水平和血清UA水平均低于治疗前，差异有统计学意义（$P<0.05$）。治疗7天后HE染色观察显示，牛大力低、中、高剂量滑膜组织炎症浸润改善，病症缓解，但模型组小鼠滑膜组织炎症无明显改善。得出结论为中药牛大力有助于缓解尿酸盐诱导小鼠模型滑膜细胞炎症，值得推广。

第六节
其他作用

一、降尿酸作用

黄桂琼等采用氧嗪酸钾（250mg/kg）联合腺嘌呤（100mg/kg）灌胃14天制备高尿酸血症引起的尿酸性肾病大鼠模型。给药组大鼠分别给予低、中、高剂量（2.3g/kg、4.6g/kg、9.2g/kg）牛大力水煎液或别嘌醇（5mg/kg）灌胃治疗14天，正常对照组及模型组灌胃等体积生理盐水。分别检测大鼠血UA、血肌酐、血BUN、肝黄嘌呤氧化酶（XOD）水平。肾脏组织行HE染色观察其病理改变。结果发现造模14天后，模型组大鼠血UA、血BUN、血肌酐含量及肝脏XOD活性显著升高（$P<0.05$）。与模型组比较，牛大力水煎剂能显著降低模型大鼠血UA、血BUN、血肌酐含量及肝脏XOD活性（$P<0.05$）。HE染色结果显示牛大力水煎剂能明显减轻高尿酸血症引起的肾脏损害。得出结论为牛大力水煎剂具有较好的降尿酸作用，能明显降低高尿酸引起的肾脏损伤，其作用机制可能与抑制XOD活性有关。

二、降血糖作用

苏芬丽等采用链脲佐菌素（STZ）诱导糖尿病小鼠模型，使用低、中、高剂量牛大力多糖对模型小鼠进行干预，分别比较牛大力多糖干预组、模型组及对照组小鼠空腹血糖（FBG）、空腹胰岛素（FINS）及肝糖原含量。结果发现牛大力多糖可以显著降低STZ诱导的糖尿病小鼠FBG水平（$P<0.01$），提高模型小鼠FINS水平和肝糖原含量（$P<0.01$）。得出结论为牛大力多糖可显著降低糖尿病小鼠血糖水平，其作用机制可能与增加胰岛素分泌，促进糖原合成有关。

三、抑制破骨细胞作用

刘雅兰等采用色谱技术从牛大力根部分95%乙醇提取物中分离得到11个化合物。通过核磁共振波谱、质谱及与文献数据比较，化合物结构鉴定为millettiaosa A、高丽槐素、medicarpin、羽扇豆醇、β-谷甾醇亚油酸酯、β-谷甾醇、单棕榈酸甘油酯、二十七烷酸甘油酯、香草醛、琥珀酸甲酯和1-辛醇。其中β-谷甾醇亚油酸酯和琥珀酸甲酯为首次从崖豆藤属中分离得到。对以上11种化合物的抑制破骨细胞产生活性进行评价，发现高丽槐素、medicarpin、羽扇豆醇和β-谷甾醇具有显著的抑制破骨细胞产生活性的作用，其IC50值分别为2.23μM、1.39μM、2.25μM和1.63μM。其中高丽槐素被首次报道具有抑制破骨细胞产生活性。

四、防辐射作用

陈晓白等将40只小鼠分为阴性对照组、辐射模型组、牛大力低［5g/（kg·d）］、中［10g/（kg·d）］、高［20g/（kg·d）］剂量组。除阴性对照组外，用5Gy的^{60}Co γ射线对各组小鼠进行一次性全身均匀照射以建立辐射损伤模型。牛大力组小鼠在照射前4天及照射后10天，以相应剂量的牛大力煎煮液连续灌胃14天，最后一次灌胃24小时后取血，检测各组小鼠RBC、WBC、PLT、淋巴细胞数，计算脾指数和胸腺指数，通过彗星试验检测小鼠脾、骨髓细胞的DNA损伤。结果发现与阴性对照组相比，辐射模型组、牛大力各剂量组小鼠的RBC、WBC、PLT、淋巴细胞数、胸腺指数、脾指数明显减少（$P<0.01$或$P<0.05$），脾、骨髓细胞的尾部DNA百分率和尾矩明显增大（$P<0.01$）；但与辐射模型组比，牛大力剂量组小鼠的RBC、WBC、PLT、淋巴细胞数、胸腺指数、脾指数明显增加（$P<0.01$或$P<0.05$），脾、骨髓细胞的尾部DNA百分率和尾矩明显减少，呈现明显的量效关系。得出结论为牛大力对^{60}Co γ射线致小鼠造血系统损伤具有一定的修复和保护作用，但不能完全拮抗造血系统的损伤。

五、祛痰镇咳平喘作用

刘丹丹等通过小鼠气管酚红法、家鸽纤毛运动实验、小鼠浓氨水引咳法、豚鼠枸橼酸引咳法及豚鼠组胺-乙酰胆碱超声波雾化法观察牛大力的祛痰镇咳平喘作用。结果发现牛大力能显著增加小鼠气管酚红排泌量，促进家鸽气管内墨汁运动，减少氨水引发小鼠和枸橼酸引发豚鼠咳嗽反应的次数，延长咳嗽潜伏期，能够对抗组胺-乙酰胆碱引起的豚鼠支气管哮喘（均$P<0.05$或$P<0.01$）。得出结论为牛大力具有一定的祛痰、镇咳及平喘作用。

第七节

牛大力安全性研究

临床前毒理学研究的主要内容是药物的安全性评价，药物是否安全和有效是药物研发成功的决定性因素，就药物研发的整个流程来说，毒性（安全性）是终止药物研发的重要原因之一。其目的是通过研究在动物模型上药物暴露量与毒性反应的关系，解释可能的毒性靶器官和毒性反应，预测人体安全性，为后期（人体）临床试验用药提供可靠的毒物代谢动力学依据。研究的主要具体内容有：①急性毒性试验（又称单次给药毒性试验）；②长期毒性试验（又称重复给药毒性试验）；③遗传毒性试验；④生殖毒性试验；⑤致癌毒性试验。

中药的安全性问题一直备受国际医学界关注，被学者们广泛研讨。而中药毒理学的发展更是成为重中之重。牛大力含有香豆素类、生物碱、三萜类、多糖类、植物甾醇等多种活性成分，疗效明显，但牛大力的应用与产品开发必须以安全为前提，否则不宜使用。

杨增艳等对牛大力水提取物和醇提取物的急性毒性进行初步研究。通过测定小鼠的最大耐受剂量（MTD）评价牛大力的安全性。给药后实验动物均出现不喜动、不思饮食、尿液发黄、便溏等现象，24小时后观察，上述症状消失，各组动物饮食和活动正常，未出现任何中毒症状，无动物死亡。14天后处死小鼠，肉眼观察其心、肝、脾、肺、肾、肾上腺、胸腺、卵巢、子宫、精囊、前列腺、睾丸、胃、肠及胸腔、腹腔，均无异常。

血液学检查结果表明：连续对大鼠进行给药6周和13周，各给药组大鼠和生理盐水组大鼠相比较，血液学指标未出现异常改变；停药后观察2周，未出现任何迟发性毒性反应。

血液生化学检查结果表明：与生理盐水组比较，大鼠连续给药6周，中剂量组血肌酐含量降低；连续给药13周，中低剂量组血肌酐含量降低，停药后2周，高、中、低剂量组血肌酐含量均降低。血肌酐含量的降低可能与大鼠的活动状况有关，大鼠活动减少可降低血肌酐含量的值，且实验结果表明血肌酐含量值的变化都在正常范围内，此项变化的生物学意义不大，但具体原因还有待进一步研究。

各组大鼠在处死后，对其心、肺、肝、脾、肾等器官进行肉眼观察，其外形、体积、色泽均属正常，无充血、淤血、肿胀等异常现象；病理组织学检查，上述器官均未出现与药物相关的组织病理变化，个别动物出现异常病理表现，与动物个体体质有关，而非药物所致。

本次大鼠长期毒性实验结果表明，牛大力按推荐临床拟用剂量的12.5倍、25.0倍、50.0倍经口服连续给药13周，对大鼠无明显损害，未发现明显的毒副作用，可以认为该药的临床拟用量是安全的。

陈晓白等应用单细胞凝胶电泳技术评价牛大力的遗传毒性。把40只小鼠随机分成5组：阳性对照组（环磷酰胺组），阴性对照组（生理盐水组），牛大力高、中、低（20g/kg、10g/kg、5g/kg）剂量组。牛大力各剂量组用牛大力煎煮液灌胃给药，阴性对照组、阳性对照组灌胃给等量生理盐水，每天1次，连续10天，阳性对照组在最后2天腹腔注射环磷酰胺（0.08g/kg），每天1次，在最后一次给药6小时后，取其肺、肾、肝、睾丸细胞，利用单细胞凝胶电泳技术观察牛大力对小鼠肺、肾、肝、睾丸细胞DNA的影响。结果表明牛大力各剂量组对小鼠肺、肾、肝、睾丸细胞的尾部DNA百分率和尾矩的影响明显低于阳性对照组，差异有统计学意义（$P<0.01$），牛大力高剂量组肾细胞尾部DNA百分率与阴性对照组比明显降低，统计学上有显著差异（$P<0.05$），其他组小鼠细胞尾部DNA百分率和尾矩与阴性对照组比，差异无统计学意义。未观察到牛大力对小鼠肺、肾、肝、睾丸细胞DNA有明显损伤。

6

第六章

牛大力临床应用

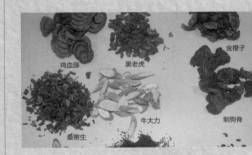

鸡血藤　黑老虎　金樱子

牛大力

桑寄生　制狗脊

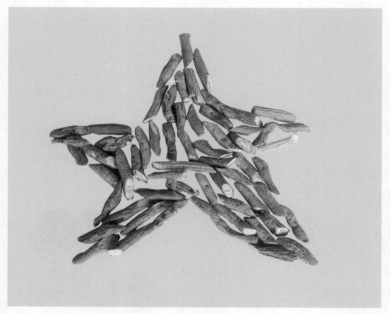

牛大力

　　牛大力为豆科植物美丽崖豆藤的干燥根。其味甘，性平，入肺、脾、肾经，能补脾润肺、补虚益肾、舒筋活络。临床常用于治疗病后体弱、阴虚咳嗽、腰肌劳损、风湿痹痛等症。国医大师邓铁涛教授在临床上常以牛大力与千斤拔同用治疗重症肌无力和运动神经元疾病，以加强理劳疗损功能。

第一节

牛大力临床的适应证

一、咳嗽

（一）概述

咳嗽是因外感六淫，脏腑内伤，影响于肺所致有声有痰之证，主要表现为咳嗽、咳痰。

咳嗽可分为外感咳嗽（外邪犯肺，肺气壅遏不畅所致）和内伤咳嗽（多因邪实正虚所致痰湿壅肺等）。

（二）辨证论治

1. 风热犯肺证

【证候表现】咳嗽频剧，气粗或咳声嘶哑，喉燥咽痛，咳痰不爽，痰黏稠或稠黄，伴见发热头痛，口渴咽干。舌苔薄黄，脉浮数。

【治法】疏风清热，宣肺化痰。

【常用药物】柴胡，甘草，橘红，黄芩，桔梗，菊花，杏仁，芦根，麦冬，牛大力，前胡，桑叶，太子参，玄参，鱼腥草，法半夏。

2. 痰热郁肺证

【证候表现】咳嗽气急胸满，痰黏稠色黄，咳吐不爽，或有腥味，胸胁胀满，咳时引痛。舌苔黄腻，脉滑数。

【治法】清热化痰，润肺止咳。

【常用药物】柴胡，黄芩，鱼腥草，牛大力，前胡，桔梗，连翘，桑白皮，紫苏叶，燀苦杏仁，芦根，太子参，玄参，化橘红，麦冬，五味子，防风，浙贝母，甘草。

3. 痰湿蕴肺证

【证候表现】咳嗽反复发作，咳声重浊，痰多黏白如沫，恶寒，胸闷，体倦乏力，食少。舌苔白腻，脉濡滑。

【治法】温肺止咳，健脾化痰。

【常用药物】法半夏，干姜，细辛，茯苓，陈皮，牛大力，白前，桔梗，炒紫苏子，燀苦杏仁，防风，五味子，党参，木香，炙甘草。

二、喘证

（一）概述

喘证是以呼吸困难，甚至张口抬肩，鼻翼扇动，不能平卧为特征。严重者每致喘脱，可见于多种急、慢性疾病的过程中。

喘证可由外感六淫，或可由饮食、情志、劳欲、久病所致。其病理性质有虚实两类，虚喘当责之于肺肾，本证的严重阶段，不但肺肾俱虚，每多影响到心，亦可导致心阳衰惫。

（二）辨证论治

1. 肺脾气虚证

【证候表现】喘促日久，动则喘甚，鼻翼扇动，端坐不能平卧，或有痰鸣，心慌动悸，面青唇紫。舌红少津，脉细数。

【治法】补肺益气，健脾祛痰。

【常用药物】党参，黄芪，白术，千斤拔，牛大力，陈皮，炙甘草，姜半夏，茯苓。

2. 脾肾阳虚证

【证候表现】喘促日久，动则喘甚，汗出肢冷，呕恶，纳呆，口黏不渴。舌苔白腻，脉细滑。

【治法】温肾助阳，健脾益气。

【常用药物】川芎，白术，泽泻，制附子，苍术，牛大力，砂仁，淫羊藿，黄柏，桂枝，茯苓，薏苡仁，肉桂。

3. 肺气郁闭证

【证候表现】郁怒伤肝，肝气冲逆犯肺，突发呼吸短促而喘促气憋，胸闷胸痛，咽中如窒。苔薄，脉弦。

【治法】疏肝解郁，肃肺平喘。

【常用药物】醋柴胡，当归，白芍，茯苓，白术，炙甘草，防风，炒牛蒡子，法半夏，姜厚朴，紫苏叶，牛大力，路路通，陈皮。

三、水肿

（一）概述

水肿是指体内水液潴留，泛溢肌肤，引起眼睑、头面、四肢、腹背甚至全身浮肿，严重者还可伴有胸水、腹水等。

水肿可由外邪侵袭，饮食起居失常，或劳倦内伤，导致肺不通调，脾失转输，肾失开合，终致膀胱气化无权，三焦水道失畅，水液停聚，泛溢肌肤，而成水肿。

（二）辨证论治

1. 肝肾不足证

【证候表现】水肿反复发作，精神疲惫，腰膝酸软，遗精，口咽干燥，五心烦热。舌红少苔，脉细弱。

【治法】滋补肾阴，活血利水。

【常用药物】丹参，茯苓，狗脊，枸杞子，黄芪，金樱子，牡丹皮，牛大力，千斤拔，生地黄，山药，猪苓，山茱萸，续断，盐杜仲，盐菟丝子，泽泻。

2. 湿热壅盛证

【证候表现】湿热之邪，下注膀胱，伤及血络，见尿痛尿血；肾虚而水气内盛，故腰痛酸重；肾阳不足，膀胱气化不行，尿少身肿。舌淡苔薄，脉沉细。

【治法】补肾健脾，分利湿热。

【常用药物】牛大力，薏苡仁，小蓟，仙鹤草，黄精，菟丝子，桑寄生，金樱子，怀牛膝，杜仲，覆盆子，续断，白术，黄芪。

3. 肾阴不足证

【证候表现】水肿反复发作，精神疲惫，腰膝酸软，遗精，口咽干燥，五心烦热。舌红少苔，脉细弱。

【治法】滋阴补肾，健脾化湿。

【常用药物】熟地黄，当归，川芎，茯苓，山药，山茱萸，盐杜仲，枸杞子，千斤拔，桑寄生，牛大力，党参，续断，盐菟丝子，独活，陈皮，炙甘草。

【加减】兼心神不安，少寐者可加白豆蔻、炒酸枣仁以健脾宁心安神；兼见纳差，膝软无力，加砂仁、狗脊以温补脾肾。

4. 脾虚湿盛证

【证候表现】全身水肿，按之没指，小便短少，身体困重，胸闷，纳呆，泛恶。苔黄腻，脉沉。

【治法】健脾渗湿，利水消肿。

【常用药物】茯苓，白术，陈皮，猪苓，黄芩，莲子，茯苓皮，盐菟丝子，盐杜仲，狗脊，黄芪，薏苡仁，牛大力，千斤拔，桑寄生，茵陈，盐车前子，独活，甘草。

5. 肾气衰微证

【证候表现】肾气虚衰，阳不化气行水，导致水湿下聚，而见腰以下水肿，按之凹陷不起。水气上凌心肺，故见气短，心悸；腰为肾之府，肾虚腰痛酸重。舌质暗淡，苔薄，脉细涩。

【治法】健脾温肾通阳，活血利水消肿。

【常用药物】牛膝，当归，桑寄生，独活，淫羊藿，制附子，狗脊，山茱萸，黄芪，红花，伸筋草，桂枝，鸡血藤，甘草，巴戟天，生地黄，千斤拔，党参，砂仁，黄连，牛大力，肉桂，白芍。

6. 脾肾虚弱证

【证候表现】身肿，腰以下为甚，按之凹陷不起，神疲乏力，气短声弱，腰膝冷痛，尿量减少。舌质暗，苔黄腻，脉沉细。

【治法】补肾健脾，清热利湿消肿。

【常用药物】党参，黄芪，盐杜仲，生地黄，白术，当归，牛膝，桑寄生，淫羊藿，独活，骨碎补，鹿衔草，陈皮，盐菟丝子，狗脊，千斤拔，牛大力，黄芩，薏苡仁，黄柏，苍术，甘草。

7. 脾胃虚弱证

【证候表现】长期饮食失调，脾胃虚弱，精微不化所致面色萎黄，遍体浮肿，晨起头面肿甚，动则下肢肿胀；腰酸腿软，能食而疲乏无力，大便溏，小便量多。舌淡苔薄，脉弱。

【治法】健脾化湿，补肾益气，利水消肿。

【常用药物】党参，白术，黄芪，盐杜仲，防己，山药，芡实，茯苓，炒白扁豆，当归，牛膝，桑寄生，淫羊藿，独活，骨碎补，鹿衔草，陈皮，盐菟丝子，狗脊，千斤拔，牛大力，甘草。

8. 肝郁脾虚证

【证候表现】肝郁脾虚所致身肿，腰以下肿甚，脘腹胀闷，纳呆，胸胁胀痛，喜叹息，神倦乏力。舌淡苔薄，脉弦。

【治法】疏肝解郁，健脾化湿行水。

【常用药物】柴胡，当归，白术，茯苓，白芍，生姜，醋香附，法半夏，姜厚朴，旋覆花，紫苏梗，桑寄生，骨碎补，牛大力，砂仁，独活。

9. 脾肾阳虚证

【证候表现】水肿反复发作，腰以下肿甚，按之没指，腰膝酸软无力，怕冷，神疲倦怠，面色灰滞。舌质淡，苔白，脉沉细。

【治法】健脾温肾，通阳利水消肿。

【常用药物】党参，黄芪，盐杜仲，熟地黄，白术，当归，牛膝，桑寄生，木瓜，淫羊藿，黑顺片，独活，骨碎补，麦冬，鹿衔草，陈皮，盐菟丝子，补骨脂，千斤拔，牛大力，甘草。

四、腰痛

（一）概述

腰痛是指以腰部疼痛为主要症状的一类病症。可由先天禀赋不足，加之劳累过度，或久病体虚，或房事不节，或年老体弱，致肝肾虚损，气血亏虚而发生腰痛。

（二）辨证论治

1. 湿热型腰痛

1）偏湿热夹积证

【证候表现】腰部弛痛，痛处有热感，热天或雨天疼痛加剧，脘腹闷胀不适，纳差，身倦，小便短涩，大便不爽。苔黄腻，脉数。

【治法】清热利湿，舒筋止痛。

【常用药物】法半夏，黄连，怀牛膝，续断，葛根，牛大力，陈皮，鸡血藤，火炭母，布渣叶，炒麦芽，生姜，炙甘草。

2）偏湿热夹瘀证

【证候表现】腰重疼痛，热天或雨天疼痛加剧，活动后可减轻，腰间发热，痿软无力，便秘。舌质暗紫，脉濡数。

【治法】清热利湿，活血理气止痛。

【常用药物】苍术，黄柏，薏苡仁，大黄，丹参，醋延胡索，怀牛膝，骨碎补，牛大力，桃仁，鸡血藤，炙甘草。

3）偏湿热夹气虚证

【证候表现】腰膝酸软，气短乏力，小便短赤，大便溏薄。苔黄腻，脉细弱无力。

【治法】补肾益气养血，清热利湿。

【常用药物】党参，当归，熟地黄，川芎，白术，茯苓，黄芪，制何首乌，土茯苓，薏苡仁，牛大力，盐杜仲，桑寄生，盐巴戟天，甘草。

4）偏风湿热证

【证候表现】腰痛拘急，转侧不利。舌质红，苔黄腻，脉数。

【治法】祛风湿，通络止痛。

【常用药物】生地黄，伸筋草，防己，独活，地龙，甘草，千斤拔，牛大力，土茯苓，狗脊，桑寄生，川楝子，鸡血藤，路路通，络石藤。

5）偏湿热夹血虚证

【证候表现】腰膝酸软无力，头晕头痛，乏力，纳食差。舌淡苔白，脉细。

【治法】补肾益气，养血除湿。

【常用药物】党参，当归，白芍，熟地黄，黄芪，甘草，茯苓，天麻，盐巴戟天，制何首乌，土茯苓，牛大力，盐菟丝子，艾叶，盐杜仲，桑寄生。

6）寒热错杂证

【证候表现】腰重冷痛，痿软无力。舌苔腻偏黄，脉沉。

【治法】散寒清热，补肾壮骨。

【常用药物】制川乌，麻黄，防己，赤芍，胆南星，关黄柏，土茯苓，黄芪，千斤拔，熟地黄，当归，牛膝，乌梢蛇，杜仲，牛大力，威灵仙，甘草。

7）偏湿热兼肾阴虚证

【证候表现】腰酸弛痛，痛处伴有热感，热天或雨天加重，手足心热，小便短赤。苔黄，脉数。

【治法】滋阴补肾，清热利湿。

【常用药物】熟地黄，牡丹皮，山药，泽泻，山茱萸，茯苓，牛大力，千斤拔，黄柏，知母，肉桂，蒲公英，甘草，桑螵蛸，白茅根，伸筋草，牛膝。

2. 血瘀型腰痛

1）气滞血瘀证

【证候表现】腰痛如刺，痛有定处，痛处拒按。舌质紫暗，脉涩。有外伤史。

【治法】活血化瘀，理气止痛。

【常用药物】当归，黄芪，牛膝，续断，千斤拔，牛大力，淫羊藿，红花，盐杜仲，乳香，没药，苏木，桑寄生，鸡血藤，宽筋藤，吴茱萸。

2）血瘀兼阳虚证

【证候表现】年老体弱，久病不愈，腰膝冷痛无力，反复发作，喜温喜按，得温痛减。舌质暗，苔白腻，脉沉无力。

【治法】温肾助阳，活血化瘀。

【常用药物】制川乌，丹参，甘草，当归，怀牛膝，独活，苍术，牛大力，桃仁，红花，乳香，没药，桂枝，鸡血藤，千年健，淫羊藿，狗脊。

3）外伤致瘀证

【证候表现】闪挫跌扑，瘀积于内所致腰痛，转侧如刀锥之刺，大便色黑，脉涩。

【治法】行气活血，通络止痛。

【常用药物】当归，怀牛膝，续断，牛大力，淫羊藿，红花，盐杜仲，乳香，没药，桑寄生，鸡血藤，苏木，延胡索。

4）血瘀兼阴虚证

【证候表现】瘀血阻滞经络，肾虚所致腰痛如针刺，活动不利，下肢无力感。舌质紫暗，脉涩。

【治法】养血活血祛风，通络止痛，补肾壮腰。

【常用药物】生地黄，炒山药，山茱萸，泽泻，牡丹皮，茯苓，淫羊藿，骨碎补，续断，威灵仙，丹参，千斤拔，牛大力，泽兰，焯桃仁，盐益智，川芎，当归，麸炒苍术。

5）气滞血瘀夹虚证

【证候表现】风湿闭阻经络而致腰痛，连及肩背，每郁怒觉痛甚。舌淡苔白，脉浮。

【治法】理气活血，祛风通络。

【常用药物】黄芪，川芎，白芍，赤芍，厚朴，怀牛膝，秦艽，独活，防风，牛大力，醋延胡索，续断，盐杜仲，盐山茱萸，鸡血藤，宽筋藤，威灵仙。

3. 血虚型腰痛

【证候表现】腰痛无力，不能久坐，头晕。舌质淡，苔略黄，脉细弱。

【治法】养血活血，补肾壮腰。

【常用药物】当归，川芎，白芍，生地黄，茯苓，鸡血藤，防己，桑寄生，牛大力，千斤拔，宽筋藤，威灵仙，牛膝，炙甘草，独活。

4. 肾虚型腰痛

1）肝肾不足兼血虚证

【证候表现】腰膝酸软无力，口燥咽干，五心烦热。舌质红，脉细数。

【治法】补肝肾，强腰膝。

【常用药物】黄芪，生地黄，当归，丹参，续断，盐杜仲，女贞子，盐金樱子，千斤拔，牛大力，路路通，肉苁蓉，牛膝，墨旱莲，醋延胡索，威灵仙。

2）肝肾不足兼气虚证

【证候表现】腰酸腿软，腿膝无力，遇劳更甚，反复发作。舌淡，脉沉细。

【治法】益气养血，强肾健骨。

【常用药物】黄芪，党参，千斤拔，桑寄生，当归，续断，怀牛膝，狗脊，牛大力，盐杜仲。

3）肝肾不足兼气虚血瘀证

【证候表现】腰痛酸软，反复发作，喜按喜揉，两膝无力。兼见气短乏力。舌质紫暗，脉细涩。

【治法】益气活血，补肾壮腰。

【常用药物】当归，黄芪，白芍，怀牛膝，续断，牛大力，枸杞子，盐杜仲，桑寄生，鸡血藤，三七，五指毛桃，威灵仙，炙甘草。

4）脾肾不足兼血虚证

【证候表现】腰膝酸软无力，反复发作。兼见面色苍白，身倦乏力，语声低微，食少便溏。舌质淡暗，脉细。

【治法】益气养血，健脾补肾。

【常用药物】党参，黄芪，当归，川芎，陈皮，茯苓，枸杞子，牛大力，独活，狗脊，桑寄生，甘草，续断，骨碎补，山茱萸，千斤拔，盐菟丝子，山药，盐杜仲。

5）肾虚脾弱证

【证候表现】腰痛，乏力。舌淡苔白，脉细。

【治法】健脾补肾。

【常用药物】党参，黄芪，白术，茯苓，泽泻，骨碎补，牛大力，陈皮，淫羊藿，威灵仙，甘草。

6）脾肾不足兼气虚下陷证

【证候表现】腰痛下坠感，反复发作，兼见头晕失眠，口舌干燥。舌红，脉弦沉细。

【治法】健脾益气，养血活血。

【常用药物】当归，川芎，黄芪，党参，白术，升麻，陈皮，盐巴戟天，白芷，丹参，石斛，枸杞子，盐杜仲，牛大力，狗脊，桑寄生，天麻，三七。

7）脾肾不足兼阴虚证

【证候表现】腰膝酸软无力，遇劳加重，身倦乏力。舌淡苔薄，脉细。

【治法】补脾肾，强健筋骨。

【常用药物】炒山药，山茱萸，生地黄，丹参，党参，黄芪，茯苓，骨碎补，牡丹皮，牛大力，千斤拔，桑螵蛸，威灵仙，续断，淫羊藿，炙甘草。

8）肾阳虚证

【证候表现】腰膝酸软，喜温喜按，兼见面色㿠白，手足不温，乏力。舌淡，脉沉细。

【治法】滋补肾阳，强筋健骨。

【常用药物】制附子，肉桂，牛膝，黄芪，当归，续断，千斤拔，牛大力，淫羊藿，桑寄生，盐杜仲，宽筋藤，鸡血藤，吴茱萸，炙甘草。

9）肝肾不足兼脾气虚证

【证候表现】腰部酸痛，膝软，遗精。身倦乏力，纳差，脘腹胀满，便秘。舌红苔腻，脉滑数。

【治法】滋补肾阴，强筋健骨。

【常用药物】生地黄，炒山药，山茱萸，泽泻，牡丹皮，茯苓，千斤拔，牛大力，党参，黄芪，肉苁蓉，炒莱菔子，续断，威灵仙，桑螵蛸，丹参，火麻仁，炙甘草。

10）肝肾阴虚证

【证候表现】腰痛，腿膝无力，反复发作，手足心热，心烦失眠，小便短涩。舌质红，脉细数。

【治法】益气养血，滋补肝肾。

【常用药物】山茱萸，熟地黄，当归，川芎，茯苓，山药，盐杜仲，枸杞子，千斤拔，牛大力，桑寄生，党参，狗脊，续断，盐菟丝子，骨碎补，独活，陈皮，甘草。

【加减】睡眠差者加炒酸枣仁、首乌藤。兼见湿热滞者，加佩兰、醋三棱、知母。兼见遗精，夜尿多者，加桑螵蛸、乌药、盐益智。兼见肝阳上亢所致头晕头痛者，加煅牡蛎、煅龙骨。兼见面白乏力，便溏等脾阳虚者，加黑顺片、砂仁。兼见腰痛喜按喜揉，腿膝无力，反复发作，面色㿠白，少气乏力，怕冷，眠差，便溏，小便清长，舌淡苔白等阳虚者，加黑顺片、肉桂、炒酸枣仁、首乌藤。

11）气阴两虚证

【证候表现】腰酸，喜按喜揉，劳累后加重，卧则减轻，反复发作。体倦乏力，气短，纳减，头晕目眩。舌淡，脉细弱。

【治法】益气养血，养阴益肾。

【常用药物】麦冬，百合，生晒参，生地黄，瓜蒌皮，玄参，法半夏，醋鳖甲，生牡蛎，炙甘草，炒鸡内金，千斤拔，牛大力，当归，川芎，白术，白芍，熟地黄，黄芪。

五、痹病

（一）概述

痹病是以肌肉、筋骨、关节酸痛、麻木、重着、屈伸不利甚或关节肿大灼热等为主要临床表现的病症。

痹病主要由于素体虚弱，正气不足，腠理不密。卫外不固，感受风、寒、湿、热之邪所致。痹病日久，容易出现下述三种病理变化：一是风寒湿痹或热痹日久不愈，气血运行不畅日甚，瘀血痰浊阻痹经络，可出现皮肤瘀斑、关节周围结节、关节肿大、屈伸不利等症。二是病久使气血伤耗，因而呈现不同程度的气血亏虚的证候。三是痹病日久不愈，复感于邪，病邪由经络病及脏腑，进而出现脏腑痹的证候。

（二）辨证论治

1. 湿痹（着痹）

【证候表现】双手臂酸痛，阴雨天加重，而活动后或可减轻，小便短赤。苔腻，脉濡。

【治法】除湿通络，健脾益气活血。

【常用药物】木瓜，白芍，当归，白术，牛膝，鸡血藤，醋延胡索，茯苓，透骨草，黄芪，薏苡仁，党参，五加皮，山茱萸，蚕沙，牛大力，防己，甘草。

2. 湿热痹

【证候表现】膝关节疼痛肿大，热天或阴雨天加重，而活动后或可减轻，小便短少。苔黄腻，脉濡数。

【治法】清热利湿，理气通络止痛。

【常用药物】白术，北沙参，茯苓，独活，桑寄生，川牛膝，车前草，赤芍，醋三棱，醋延胡索，甘草，积雪草，鸡血藤，粉萆薢，牛大力，千斤拔，莪术，石韦，金银花，山茱萸，土茯苓，盐菟丝子，薏苡仁，肿节风。

3. 风痹（行痹）

【证候表现】肘关节酸痛无力，遇天气变化加重，而活动后或可减轻。兼见腰膝酸软，二便如常。舌淡苔白，脉细。

【治法】祛风胜湿，通络止痛。

【常用药物】丹参，熟地黄，牛膝，防风，千斤拔，牛大力，厚朴，盐杜仲，桑枝，大枣，络石藤，威灵仙。

4. 寒痹（痛痹）

【证候表现】关节活动不利，喜温，活动后有所缓解。苔白，脉紧。

【治法】祛风寒湿，通络止痛。

【常用药物】制川乌，制草乌，山药，独活，羌活，骨碎补，牛大力，千斤拔，桑寄生，狗脊，盐杜仲，络石藤，炙甘草。

5. 肝肾不足

【证候表现】腰酸腿软乏力，时作时止，强直畸形，活动不利，苔少，脉细。

【治法】补肝肾，强筋骨。

【常用药物】熟地黄，牛膝，酒黄精，葛根，骨碎补，千斤拔，牛大力，盐杜仲，刺五加，桑寄生，枸杞子，续断，黄芪，鸡血藤，忍冬藤，千年健，炙甘草。

六、眩晕

(一) 概述

眩是眼花，晕是头晕，轻者闭目即止，重者如坐舟车，眼前旋转不定，不能站立，或伴有恶心、呕吐、汗出，甚则昏倒等症状。

风、火、痰、虚所致肝阳上亢兼肝肾阴虚，血虚兼肝阳上亢，肝阳夹痰浊等证，在临床上以虚证或本虚标实多见，须详察病情，辨证治疗。急者多偏实，选用息风、潜阳、清火、化痰等法治其标；缓者多偏虚，当用补养气血、益肾、养肝、健脾等法治其本。

(二) 辨证论治

1. 痰浊中阻证

【证候表现】眩晕而见头重如蒙，胸闷恶心，食少多寐，心烦口苦，咽痛。苔黄腻，脉濡滑。

【治法】燥湿祛痰，健脾和胃。

【常用药物】天麻，法半夏，姜竹茹，茯苓，陈皮，白术，黄芩，丹参，薄荷，甘草，射干，炒苍耳子，辛夷，牛大力。

2. 肝肾阴虚证

【证候表现】眩晕，精神萎靡，健忘，腰膝酸软无力，耳鸣，手足心热，少寐多梦，遗精。舌质红，脉细。

【治法】补肝肾，强筋骨。

【常用药物】生地黄，牡丹皮，茯苓，山药，泽泻，山茱萸，盐杜仲，枸杞子，千斤拔，牛大力，金樱子，芡实，黄芪，狗脊，续断，盐菟丝子，鹿衔草，桑寄生，白术。

3. 肾精不足证

【证候表现】眩晕，精神萎靡，少寐多梦，健忘，腰膝酸软，遗精，耳鸣。舌质红，脉弦细数。

【治法】填精补髓，涩精止遗。

【常用药物】茯神，黄栀子，海螵蛸，夜交藤，桑寄生，狗脊，百合，牛大力，熟地黄，金樱子，杜仲，制首乌，山茱萸，红景天。

4. 肝肾不足兼气血虚弱证

【证候表现】眩晕，动则加剧，劳累加重，腰膝无力，神疲懒言，纳少。舌淡，脉细弱。

【治法】益气养血，补肝肾，强筋骨。

【常用药物】党参，黄芪，白术，当归，生地黄，陈皮，牛膝，盐杜仲，桑寄生，淫羊藿，独活，骨碎补，鹿衔草，盐菟丝子，狗脊，千斤拔，牛大力，黄芩，薏苡仁，炙甘草。

5. 肝肾不足兼阳虚证

【证候表现】眩晕，精神萎靡，健忘，腰膝酸软无力，耳鸣，四肢不温。舌质淡，脉细。

【治法】补肝肾，强筋骨。

【常用药物】山茱萸，山药，牡丹皮，茯苓，熟地黄，黄芪，当归，杜仲，枸杞子，丹参，甘草，淫羊藿，续断，川芎，肉桂粉，狗脊，伸筋草，牛大力，桂枝，盐菟丝子。

6. 肝肾不足兼气滞证

【证候表现】头晕，下肢酸软，身倦乏力，舌质红，脉弦细数。

【治法】滋补肝肾，理气止痛。

【常用药物】桑枝，狗脊，鸡血藤，川芎，白术，怀牛膝，羌活，醋延胡索，牛大力，盐杜仲，赤芍，桑寄生，炙甘草。

7. 肝阳上亢证

【证候表现】眩晕，头胀痛，急躁易怒，腰膝酸软，舌红，脉弦细。

【治法】平肝潜阳，舒筋活络。

【常用药物】天麻，炙甘草，钩藤，牛膝，白芍，狗脊，盐杜仲，黄芪，当归，盐补骨脂，牛大力，木瓜，酒乌梢蛇，忍冬藤，威灵仙，络石藤，秦艽，肉苁蓉，生地黄。

8. 气血亏虚证

【证候表现】眩晕，劳累即发，面色㿠白，唇甲不华，发色不泽，心悸少寐，体倦乏力。舌质淡，脉细弱。

【治法】健脾益气，补血养肝。

【常用药物】生晒参，黄芪，当归，炙甘草，白术，生地黄，丹参，山药，石斛，鸡血藤，牛大力，川牛膝，熟地黄，陈皮，骨碎补。

七、头痛

（一）概述

头痛通常是指局限于头颅上半部，包括眉弓、耳轮上缘和枕外隆突连线以上部位的疼痛。

头痛病因多为外感和内伤两大类。六淫之邪外袭，上犯颠顶，邪气稽留，阻抑清阳，或内伤诸疾，导致气血逆乱，瘀阻经络，脑失所养，均可发生头痛。外感头痛一般发病急，痛势较剧，多表现为掣痛、跳痛、灼痛、胀痛、重痛、痛无休止。每因外邪所致，多属实证，治宜祛风散邪为主。内伤头痛，一般起病缓慢，痛势较缓，多表现为隐痛、空痛、昏痛、痛势悠悠，遇劳则剧，时作时止，多属虚证，治宜补虚为主。

（二）辨证论治

1. 风寒湿证

【证候表现】头重如裹，恶风，身重。苔白腻，脉濡。

【治法】祛风胜湿，通络止痛。

【常用药物】川芎，白术，独活，羌活，千斤拔，牛大力，盐杜仲，桂枝，鸡血藤，茯苓，蜈蚣，炙甘草。

2. 肝肾亏虚证

【证候表现】头痛且空，兼眩晕，腰膝酸软，神疲乏力，遗精、带下，耳鸣少寐。舌红少苔，脉细无力。

【治法】滋补肝肾，养心安神。

【常用药物】熟地黄，黄芪，盐巴戟天，知母，仙茅，牛大力，盐菟丝子，盐女贞子，金樱子，炒酸枣仁，柏子仁，锁阳，淫羊藿，盐杜仲，黄柏，牡丹皮，补骨脂。

3. 瘀血阻滞证

【证候表现】久病入络，或外伤引起的头痛如锥刺，痛处固定，身倦乏力，膝软，恶心纳差。舌苔腻偏黄，脉细涩。

【治法】活血化瘀，通络止痛。

【常用药物】白芍，柴胡，没药，乳香，粉葛，炙甘草，黄芩，桔梗，姜黄，鸡血藤，络石藤，牛大力，忍冬藤，桑枝，太子参，徐长卿，鱼腥草，法半夏。

4. 脾虚湿盛证

【证候表现】头痛如裹，肢体困重，纳呆胸闷，恶心呕吐，小便不利，大便溏。舌苔白腻，脉濡。

【治法】健脾益气，化湿通络。

【常用药物】太子参，茯苓，白术，炙甘草，山药，炒白扁豆，莲子，薏苡仁，盐杜仲，首乌藤，牛大力，天麻，川芎，木瓜，鸡血藤。

5. 痰浊中阻证

【证候表现】头痛昏蒙，肢体困重，纳呆腹胀，恶心呕吐，小便不利，大便或溏。舌苔白腻，脉滑。

【治法】祛痰化湿，行气通络。

【常用药物】生晒参，茯苓，白术，炙甘草，山药，炒白扁豆，莲子，薏苡仁，盐杜仲，砂仁，陈皮，法半夏，木香，首乌藤，牛大力，天麻，川芎。

八、不寐

（一）概述

不寐亦称失眠或"不得眠""不得卧""目不瞑"，是指经常不能获得正常睡眠为特征的一种病症。

因思虑劳倦内伤心脾；阳不交阴，心肾不交；阴虚火旺，肝阳扰动；心虚胆怯，心神不安等均可导致不寐。临床辨证分清虚实，拟当补虚泻实，调整阴阳为原则，虚者宜补其不足，益气养血，滋补肝肾；实者宜泻其有余，消导和中，清火化痰。实证日久，气血耗伤，可转为虚证。虚实夹杂者，应补泻兼顾为治。

（二）辨证论治

1. 气血虚弱证

【证候表现】多梦易醒，心悸健忘，头晕乏力，肢倦神疲，纳差，面色少华。舌淡苔薄，脉细弱。

【治法】益气健脾，养血安神。

【常用药物】当归，川芎，白芍，熟地黄，丹参，桑寄生，党参，茯苓，白术，炙甘草，厚朴，佩兰，鸡血藤，醋延胡索，麸炒苍术，牛大力，酸枣仁，柏子仁。

2. 脾肾亏虚证

【证候表现】虚烦不寐，头晕目眩，神疲纳差，腰膝酸软。舌淡苔薄，脉无力。

【治法】健脾益气，补肾。

【常用药物】当归，白芍，黄芪，白术，党参，茯苓，泽泻，骨碎补，牛大力，淫羊藿，威灵仙。

3. 气阴两虚证

【证候表现】失眠健忘，心悸不安，头晕耳鸣，腰酸无力。舌质红，脉细数。

【治法】益气养阴，补肾。

【常用药物】黄芪，白术，白芍，熟地黄，白芷，天麻，酒黄精，制何首乌，千斤拔，牛大力，盐杜仲，地骨皮，桑寄生，鸡血藤。

九、虚劳

（一）概述

虚劳又称虚损，是由多种原因所致的，以脏腑亏损，气血阴阳不足为主要病机的多种慢性衰弱性证候的总称。

根据病理属性不同，分别采取益气、养血、滋阴、温阳

的治疗方药，密切结合五脏病位的不同而选用，以增强治疗
的针对性。由于脾为后天之本，是水谷、气血生化之源；肾
为先天之本，寓元阴元阳，是生命的本元，因此补益脾肾在
虚劳的治疗中具有比较重要的意义。

（二）辨证论治

1. 气阴两虚证

【证候表现】头晕目眩，腰膝酸软，心悸气短，神疲乏
力。舌红，脉细数。

【治法】益气养阴固肾。

【常用药物】党参，黄芪，茯苓，陈皮，法半夏，炙
甘草，熟地黄，山茱萸，山药，独活，桑寄生，续断，盐杜
仲，盐菟丝子，牛大力，千斤拔，狗脊，枸杞子，骨碎补。

2. 脾肾亏虚证

【证候表现】腰酸膝软，眩晕，不寐，面白无泽，气短
懒言，纳少，发早白。舌淡，脉沉细。

【治法】健脾益气养血，滋补肾阴。

【常用药物】太子参，白术，茯苓，大枣，陈皮，炙甘
草，黄芪，白芍，当归，川芎，牛大力，桑椹，女贞子，制
何首乌，炒酸枣仁。

3. 气虚下陷证

【证候表现】倦怠乏力，腰酸无力，面色萎黄，纳差，
大便溏，肛门坠胀，舌淡，脉细弱。

【治法】健脾益气固肾。

【常用药物】黄芪，升麻，党参，粉葛，炒蔓荆子，白

芍，川芎，当归，石菖蒲，盐菟丝子，枸杞子，桑寄生，牛大力，千斤拔，狗脊，续断，炙甘草。

4. 脾肾气虚证

【证候表现】腰膝酸软无力，遗精，气短懒言，自汗。舌淡，脉弱。

【治法】益气固肾。

【常用药物】党参，麸炒白术，黄芪，威灵仙，丹参，锁阳，盐巴戟天，千斤拔，牛大力，盐益智仁，薏苡仁，羌活，煅牡蛎。

5. 肾阴不足证

【证候表现】腰膝酸软无力，遗精，气短懒言。舌淡，脉弱。

【治法】滋阴补肾益气。

【常用药物】熟地黄，茯苓，山药，山茱萸，当归，盐杜仲，枸杞子，千斤拔，桑寄生，牛大力，狗脊，续断，盐菟丝子，独活，牛膝，醋龟甲，淫羊藿，炙甘草。

十、中风后遗症

（一）概述

中风患者经过救治，神志清醒后多留有后遗症，如半身不遂，言语不利，口眼歪斜等。

（二）辨证论治

1. 气虚血滞，肝阳上亢证

【证候表现】半身不遂，肢软无力，语言不利，口眼歪斜，面色暗淡无华，兼见头晕头痛，面赤耳鸣。舌质红，脉弦。

【治法】补气活血，平肝潜阳。

【常用药物】黄芪，当归，川芎，甘草泡地龙，燀桃仁，红花，全蝎，僵蚕，丹参，钩藤，决明子，石决明，皂角刺，蒺藜，泽泻，牛大力。

2. 气虚血滞，脉络瘀阻证

【证候表现】半身不遂，肢软无力，语言不利，口眼歪斜，倦怠乏力。舌淡苔薄，脉沉细。

【治法】补气活血，通经活络。

【常用药物】桃仁，红花，当归，川芎，熟地黄，黄芪，赤芍，牛大力，宽筋藤，地龙，丹参，决明子，石决明，皂角刺。

3. 痰瘀互阻证

【证候表现】舌强语謇，肢体麻木，口角歪斜，头晕恶心。苔腻，脉弦滑。

【治法】健脾化痰，益气通络。

【常用药物】茯苓，甘草，白术，姜半夏，陈皮，牛大力，制枳壳，五指毛桃。

十一、消渴

（一）概述

消渴是以多饮、多食、多尿，身体消瘦或尿浊、尿有甜味为特征的病症。根据"三多"症状的孰轻孰重，把消渴分为上、中、下三消。上消，症见烦渴多饮，口干舌燥，尿频量多，舌红少津，苔薄，脉数。中消，症见多食易饥，形体消瘦，大便干结，舌苔黄，脉滑数。下消，症见尿频量多，混浊如脂膏，尿甜，口干，头晕，腰腿酸痛，舌红少津，脉细数。

（二）辨证论治

1. 阴虚火旺证

【证候表现】尿频量多，混浊如脂膏，或尿甜，口干唇燥，五心烦躁。舌红，脉沉细数。

【治法】滋养肝肾，益精补血，润燥止渴。

【常用药物】熟大黄，茯苓，黄芪，杜仲，枸杞子，丹参，生地黄，山药，牡丹皮，山茱萸，泽泻，续断，当归，白芍，川芎，鸡血藤，桑寄生，牛膝，牛大力，制地龙，炙甘草，天花粉，百合，石斛，盐菟丝子，盐巴戟天，威灵仙。

2. 气阴两虚证

【证候表现】尿频量多，困倦乏力，气短，舌淡红，脉弱。

【治法】滋阴固肾，健脾益气养血。

【常用药物】熟地黄，砂仁，当归，川芎，茯苓，山药，山茱萸，盐杜仲，枸杞子，千斤拔，桑寄生，牛大力，党参，狗脊，续断，盐菟丝子，骨碎补，独活，陈皮，甘草。

十二、耳鸣

（一）概述

耳鸣是指听觉异常的症状，以患者自觉耳内鸣响，如闻潮声，或细或爆，妨碍听觉。多与肝胆脾肾诸脏功能失调有关，尤其与肾的关系更为密切，耳为肾之窍，为十二经脉之所灌注，内通于脑，脑为髓之海，肾精充沛，髓海得濡则听觉正常。若久病肝肾亏虚，脏真不足，肾精耗损，则髓海空虚，则可发为耳鸣耳聋。

（二）辨证论治

肝肾阴虚证

【证候表现】眩晕、耳鸣、腰酸膝软，遗精。舌红，脉细弱。

【治法】滋养肝肾，益精填髓。

【常用药物】熟地黄，山药，茯苓，盐杜仲，枸杞子，盐菟丝子，牛膝，山茱萸，醋龟甲，续断，狗脊，当归，川芎，独活，桑寄生，淫羊藿，甘草，钩藤，千斤拔，牛大力，骨碎补。

十三、恶性肿瘤

（一）概述

恶性肿瘤是机体在不良生存的环境中（大气污染、化学污染、电离辐射、自由基毒素、微生物及其代谢毒素、遗传特性、内分泌失衡、免疫功能紊乱等）各种致癌物质、致癌因素的作用下导致身体正常细胞发生癌变的结果。其临床表现为局部组织的细胞异常增生而形成局部肿块。肿瘤是机体正常细胞由多原因、多阶段与多次突变所引起的一大类疾病。

（二）辨证论治

1. 肺癌

【治法】健脾化痰，解毒抗癌。

【常用药物】法半夏，茯苓，炙甘草，燀苦杏仁，芥子，浙贝母，黄芩，桔梗，鱼腥草，白花蛇舌草，前胡，岗梅，升麻，醋柴胡，粉葛，防风，白芍，党参，桂枝，忍冬藤，板蓝根，牛大力，盐菟丝子。

2. 结肠癌

【治法】补肾益气，软坚散结，活血消肿。

【常用药物】狗脊，桑寄生，独活，龟甲，牛膝，白芍，炙甘草，白术，地龙，鳖甲，牡蛎，莪术，何首乌，盐杜仲，当归，水蛭，续断，川芎，柴胡，赤芍，黄芩，生晒参，炒栀子，诃子，牛大力，前胡。

3. 胃癌放疗化疗后

1）肝肾不足证

【治法】滋补肝肾。

【常用药物】麦冬，千斤拔，牛大力，枸杞子，龙眼肉，五指毛桃。

2）气阴两虚证

【治法】益气养阴。

【常用药物】甘草，太子参，丹参，黄芪，山药，酒黄精，猫爪草，牛大力，石斛，白花蛇舌草，夏枯草，盐杜仲，三七。

4. 肝癌放疗化疗后气阴亏虚证

【治法】益气养阴。

【常用药物】千斤拔，黄芪，白术，当归，枸杞子，大腹皮，茵陈，夏枯草，牛大力，百合，茯苓。

第二节

含牛大力的成方制剂

一、固体制剂

（一）壮腰健肾丸

【组成】狗脊（制），金樱子，黑老虎根，桑寄生

（蒸），鸡血藤，千斤拔，牛大力，菟丝子，女贞子。

【功能主治】壮腰健肾，养血，祛风湿。用于肾亏腰痛，膝软无力，小便频数，风湿骨痛，神经衰弱。

【禁忌】孕妇忌服，儿童禁用，感冒发热者忌服。

【来源】《中华人民共和国卫生部药品标准：中药成方制剂（第三册）》。

（二）壮腰健肾片

【组成】狗脊，金樱子，黑老虎，桑寄生（蒸），鸡血藤，千斤拔，牛大力，菟丝子（盐水制），女贞子（蒸）。

【功能主治】壮腰健肾，养血，祛风湿。用于肾亏腰痛，膝软无力，神经衰弱，小便频数，遗精早泄，风湿骨痛。

【禁忌】孕妇忌服，儿童禁用，感冒发热者忌服。

【来源】《中华人民共和国卫生部药品标准：中药成方制剂（第十三册）》。

（三）强力健身胶囊

【组成】鸡血藤，黄精，金樱子（盐水制），牛大力，女贞子（盐水制），鸡睾丸，菟丝子（盐水制），甘草，远志（甘草制），独脚球，肉苁蓉（盐水制），黑老虎根，熟地黄，淫羊藿，蚕蛾（炒）。

【功能主治】益肾，养血。用于肝肾亏损，阴血不足，头晕目眩，面色萎黄，健忘失眠，肾虚腰痛。

【来源】《中华人民共和国卫生部药品标准：中药成方制剂（第十四册）》。

（四）桂龙药膏

【组成】肉桂叶，土茯苓，红药，过岗龙，红杜仲，玉郎伞，土生地，三爪龙，砂仁，老鸦嘴，千斤拔，白芷，黄精，牛大力，土甘草，川芎，大芦，高山龙，青藤，五爪龙，万筋藤，首乌藤，当归藤，四方藤，温姜，狮子尾，九牛力，黑老虎根。

【功能主治】祛风除湿，舒筋活络，温肾补血。用于风湿骨痛，慢性腰腿痛，肾阳不足及气血亏虚引起的贫血，失眠多梦，气短，心悸，多汗，厌食，腹胀，尿频等症。

【来源】《中华人民共和国卫生部药品标准：中药成方制剂（第八册）》。

（五）梁财信跌打丸

【组成】牡丹皮，三棱，莪术，防风，延胡索，五灵脂，乌药，桃仁，柴胡，当归尾，木香，黑老虎，韩信草，小驳骨，鹅不食草，鸡骨香，两面针，骨碎补，赤芍，郁金，续断，蒲黄，益母草，红花，大黄（黄酒炖），枳壳，青皮，徐长卿，牛大力，大驳骨，朱砂根，毛麝香。

【功能主治】活血散瘀，消肿止痛。用于轻微跌打损伤，积瘀肿痛，筋骨扭伤。

【来源】《中华人民共和国卫生部药品标准：中药成方制剂（第二十册）》。

（六）活络止痛丸

【组成】鸡血藤，何首乌，过岗龙，牛大力，豨莶草，豆豉姜，半枫荷，两面针，臭屎茉莉，走马胎，威灵仙，连钱草，千斤拔，独活，穿破石，薏苡仁，土五加，钩藤，山白芷，宽筋藤。

【功能主治】活血舒筋，祛风除湿。用于风湿关节痹痛，肢体游走痛，手足麻木酸软。

【来源】《中华人民共和国卫生部药品标准：中药成方制剂（第五册）》。

（七）滋肾宁神丸

【组成】熟地黄，山药，金樱子，酸枣仁（炒），首乌藤，女贞子，菟丝子（制），牛大力，茯苓，珍珠母，白芍（炒），丹参，何首乌（制），黄精（制），五味子，五指毛桃。

【功能主治】滋补肝肾，宁心安神。用于肝肾亏损，头晕耳鸣，失眠多梦，怔忡健忘，腰酸遗泄，神经衰弱等症。

【来源】《中华人民共和国卫生部药品标准：中药成方制剂（第十八册）》。

（八）益智康脑丸

【组成】五指毛桃，扶芳藤，牛大力，千斤拔，红参，熟地黄，肉苁蓉，山茱萸，当归，肉桂，三七，升麻，甘草，蜂蜜（炼）。

【功能主治】补肾益脾，健脑生髓。用于脾肾不足，精血亏虚所致健忘头昏，倦怠食少，腰膝酸软。

【来源】国家中成药标准汇编·内科·心系分册。

（九）舒筋健腰丸

【组成】狗脊，金樱子，鸡血藤，千斤拔，黑老虎，牛大力，女贞子（蒸），桑寄生（蒸），菟丝子（盐制），延胡索（制），两面针，乳香（制），没药（制）。

【功能主治】补益肝肾，强健筋骨，祛风除湿，活络止痛。用于腰膝酸痛，坐骨神经痛。

【来源】《中华人民共和国卫生部药品标准：中药成方制剂（第十二册）》。

（十）金鸡虎补丸

【组成】狗脊，牛大力，黑老虎根，骨碎补，大枣，鸡血藤，桑寄生（盐酒制），金樱子（盐制），千斤拔。

【功能主治】补气养血，舒筋活络，健肾固精。用于水气凝滞，四肢麻痹，腰膝酸痛，夜尿频数，梦遗滑精。

【来源】《中华人民共和国卫生部药品标准：中药成方制剂（第一册）》。

（十一）金鸡虎补片

【组成】狗脊，牛大力，黑老虎，骨碎补，大枣，鸡血藤，桑寄生（盐酒制），金樱子，千斤拔。

【功能主治】补气补血，舒筋活络，健肾固精。用于水气凝滞，四肢麻痹，腰膝酸痛，夜尿频数，梦遗滑精。

【来源】《中华人民共和国卫生部药品标准：中药成方制剂（第十五册）》。

二、液体制剂

（一）壮腰健肾口服液

【组成】狗脊，桑寄生，金樱子，黑老虎，女贞子，牛大力，千斤拔，鸡血藤，菟丝子（盐制）。

【功能主治】壮腰健肾，养血，祛风湿。用于肾亏腰痛，膝软无力，神经衰弱，小便频数，风湿骨痛。

【注意】感冒发热者忌服；孕妇慎用；偶见口苦和消化道反应，停药后自行消失。

【来源】国家食品药品监督管理局国家药品标准WS3-174（Z-9）-2003（2）32标准编号：WS3-024（Z）。

（二）抗风湿液

【组成】牛大力，两面针，七叶莲，半枫荷，黑老虎根，豺皮樟，路路通，血风根，香加皮，虎杖，千斤拔，毛冬青，鸡血藤。

【功能主治】祛风除湿，活血通络，壮腰健膝。用于慢性风湿性关节炎，类风湿性关节炎，腰腿痛，坐骨神经痛，四肢酸痹及腰肌劳损等症。

【来源】《中华人民共和国卫生部药品标准：中药成方制剂（第十二册）》。

（三）桂龙药酒

【组成】肉桂叶，土茯苓，红药，过岗龙，红杜仲，玉郎伞，土生地，三爪龙，砂仁，老鸦嘴，千斤拔，白芷，黄精，牛大力，土甘草，川芎，大芦，高山龙，青藤，五爪龙，万筋藤，首乌藤，当归藤，四方藤，温姜，狮子尾，九牛力，黑老虎根。

【功能主治】祛风除湿，舒筋活络，温肾补血。用于风湿骨痛，慢性腰腿痛，肾阳不足及气血亏虚引起的贫血，失眠多梦，气短，心悸，多汗，厌食，腹胀，尿频等症。

【来源】《中华人民共和国卫生部药品标准：中药成方制剂（第十四册）》。

（四）痛肿灵（酊剂）

【组成】汉桃叶，豆叶九里香，四方木皮，山乌龟，黑吹风，苏木，过岗龙，大驳骨，千斤拔，桂枝，小驳骨，大头陈，牛大力，九里香，竹叶，花椒，防己，大风艾，骨碎补，小风艾，木香，白芷，姜黄，朱砂根，当归藤，地瓜藤，走马风，猪牙皂，香附，水泽兰，猪肚木皮，鸡血藤，冰片，樟脑，薄荷脑。

【功能主治】祛风除湿，消肿止痛。用于风湿骨痛，跌打损伤。

【来源】《中华人民共和国卫生部药品标准：中药成方制剂（第八册）》。

（五）抗风湿液

【组成】牛大力，两面针，七叶莲，半枫荷，黑老虎根，豺皮樟，路路通，血风根，香加皮，虎杖，千斤拔，毛冬青，鸡血藤。

【功能主治】补养肝肾，养血通络，祛风除湿。用于肝肾血亏、风寒湿痹引起的骨节疼痛，四肢麻木，以及风湿性、类风湿性疾病见上述证候者。

【来源】《中华人民共和国卫生部药品标准：中药成方制剂（第十七册）》。

（六）马鬃蛇药酒

【组成】马鬃蛇（干），千斤拔（蜜炙），黑老虎根，杜仲藤，桑寄生，龙须藤（蜜炙），鸡血藤（蜜炙），牛大力（蜜炙），山苍子，半枫荷，走马胎，狗脊，金樱子。

【功能主治】祛风湿，通经络，消肿痛，强筋骨。用于腰肌劳损，风湿之腰腿痛、关节痛。

【来源】《中华人民共和国卫生部药品标准：中药成方制剂（第八册）》。

第七章

牛大力药膳食谱

第一节

汤类

1. 牛大力灵芝龙眼老鸭汤

材料： 牛大力30g，龙眼肉35g，灵芝25g，老鸭1只，生姜4片，食盐适量。

做法： 将龙眼肉用水泡发30分钟。将洗净的牛大力、灵芝、老鸭、生姜和泡好的龙眼肉放入汤煲，加适量清水，大火煮开转小火煲2小时后关火，加适量食盐调味即可。

功效： 安神定惊，补虚润肺，养阴滋润。适用于经常熬夜，睡眠不足或睡觉多梦，喉咙痛、多梦、体虚、怕冷、手脚冰凉等症。

2. 牛大力西洋参石斛海底椰乌鸡汤

材料： 石斛25g，西洋参15g，牛大力30g，山药60g，乌鸡1只，生姜3片，食盐适量。

做法： 将乌鸡洗净斩块，与洗净的石斛、西洋参、牛大力、山药和生姜一起倒进汤煲，加适量清水，大火煮开转小火煲1.5小时后，加入西洋参再煲20分钟，加适量食盐调味即可。

功效： 安神定惊，养阴滋润。适用于经常熬夜，睡眠不足及阴虚火旺等症。

3. 牛大力鸡骨草茯苓猪横脷汤

材料：牛大力25g，茯苓25g，鸡骨草50g，赤小豆25g，猪横脷2条，生姜3片，食盐适量。

做法：将猪横脷洗净切厚片，与洗净的牛大力、茯苓、鸡骨草、赤小豆和生姜一起放入汤煲，加适量清水，大火煮沸后转小火慢炖2小时，加适量食盐即可。

功效：安神和胃，健脾利湿，清热利水。适用于黄疸性肝炎、胃痛、风湿骨痛等。

4. 牛大力杜仲猪骨汤

材料：牛大力35g，杜仲25g，猪骨500g，大枣（去核）8枚，食盐适量。

做法：将牛大力浸洗，切段；猪骨飞水；杜仲、大枣浸洗，然后一起放入汤煲内，加水，大火煮开转小火煲约3小时，加适量食盐调味即可。

功效：补肝肾，强筋骨，补脾益气。适用于腰膝痛、阴下痒湿、小便余沥等症。

5. 牛大力杜仲芡实枸杞子猪骨汤

材料：牛大力50g，杜仲100g，芡实10g，枸杞子10g，大枣5枚，猪骨200g，食盐适量。

做法：将猪骨飞水，沥干。将牛大力、杜仲洗净一同放进汤煲，放3碗水，浸泡2小时后，将猪骨、枸杞子、芡实、大枣放入，加水武火煮开后转文火煲2小时，加入适量食盐调味即可。

功效：补肝肾，强筋骨，祛湿止带。适用于中老年人肾气不足、腰膝疼痛、腿脚软弱无力、脾湿腰痛等症。

6. 牛大力桑寄生猪蹄汤

材料：牛大力50g，桑寄生50g，猪脚1只，食盐适量。

做法：将猪脚斩件后用滚水煮10分钟。牛大力、桑寄生浸洗干净与猪脚一起放入煲内，加适量清水，煮开后改用小火煲3小时，加食盐即成。

功效：补肝肾，强筋骨，舒筋活络。适用于风湿痹痛、腰膝酸软、筋骨无力等症。

7. 牛大力板栗炖猪尾巴汤

材料：鲜牛大力250g，板栗100g，猪尾巴2条，生姜3片，食盐适量。

做法：将鲜牛大力洗净切段；猪尾巴刮净毛，清洗切段；将鲜牛大力、板栗、猪尾巴和生姜放入汤煲内，加适量水，大火煮开后，转小火慢慢煲2小时，关火前5分钟加食盐即可。

功效：补肝肾，强筋骨，滋阴壮阳。适用于肺热、肺虚咳嗽及肺结核、风湿性关节炎、腰肌劳损等症。

8. 龙眼肉牛大力茯神猪心汤

材料：龙眼肉35g，牛大力35g，茯神25g，大枣6枚，猪心2个，生姜3片，食盐适量。

做法：将龙眼肉、茯神、牛大力、大枣用水浸泡20分钟；把猪心切开，用沸水焯一下，洗净猪心血管中的泡沫和血块，切成片；将洗净的食材和生姜放入汤煲，加适量清水，大火煮开转小火慢炖2小时，加适量食盐调味即可。

功效：补脾益胃，养血安神，利水渗湿。适用于脾胃虚弱、食欲不振、体虚乏力、心脾血虚、失眠健忘等症。

9. 牛大力柿蒂参须瘦肉汤

材料：牛大力35g，柿蒂35g，人参须30g，猪瘦肉250g，生姜3片，食盐适量。

做法：把人参须剪成小段，猪瘦肉焯水，然后与牛大力、柿蒂、生姜一起放入汤煲，加适量清水，大火煮开转小火慢炖2小时，加适量食盐调味即可。

功效：补气生津，益智安神，降逆止呃。适用于神经衰弱及身体虚弱等症。

10. 黑豆牛大力煲塘鲺鱼汤

材料：牛大力25g，黑豆150g，塘鲺鱼300g，生姜3片，食盐适量。

做法：将塘鲺鱼洗净切块。将牛大力、黑豆、塘鲺鱼和生姜一起倒进汤煲，加适量清水，大火煮开转小火煲约1个小时，加入适量食盐调味即可。

功效：补气血，健筋骨。适用于肾虚体弱、肾气不足等症。

11. 虫草花牛大力鸡汤

材料：牛大力20g，虫草花10g，龙眼肉20g，党参20g，玉竹40g，山药30g，大枣5枚，枸杞子15g，鸡半只，食盐适量。

做法：将药材和肉类用沸水焯一下，后洗净。将食盐之外的材料加入汤煲内，加入清水，大火煮沸转小火熬3~4小时。加入少许食盐调味即可。

功效：补气养阴，补虚润肺，清热生津。适用于眩晕耳鸣、健忘不寐、腰膝酸软、阳痿早泄、久咳虚喘、失血、咽干口渴、虚热烦倦等症。

12. 牛大力核桃山药芡实猪肉汤

材料：芡实50g，牛大力30g，核桃100g，山药25g，猪腒肉400g，生姜3片，食盐适量。

做法：将芡实、牛大力、核桃、山药、猪腒肉、生姜洗净，放入砂煲内，加适量清水，大火烧开转小火慢炖2小时后，加少许食盐调味即可食用。

功效：补肾固精，温肺止咳，益气养血，补脑益智，润肠通便，润燥化痰，补肝乌发。适用于劳累或运动过度引起的肌膜炎。

13. 牛大力栗子莲子猪腰汤

材料：牛大力20g，莲子30g，栗子60g，猪腰1对，猪骨300g，生姜3片，食盐适量。

做法：猪腰对半切开、切除中间的血管，猪骨飞水，将莲子、栗子、牛大力、猪骨、猪腰和生姜洗净。将洗净的材料倒进汤煲，加适量清水，武火煮沸，转文火煲2小时，加适量食盐调味即可。

功效：补肾强筋，养胃健脾，养心益肾。适用于心火旺、腰膝酸软、肾气不足等症。

14. 牛大力生鱼冬瓜汤

材料：牛大力60g，生鱼1条，冬瓜400g，葱白3段，生姜

3片，食盐适量。

做法：将牛大力、冬瓜、葱白、生姜洗净，生鱼去鳞去内脏洗净，起油锅放入适量葱白、生姜，将鱼煎至焦黄色，与牛大力同加水炖煮至鱼肉熟，放入冬瓜炖至烂熟，加适量食盐调味即可。

功效：补肾虚，益气血，祛湿利尿。适用于动脉硬化症、肝硬化腹水、冠心病、高血压、肾炎、水肿臌胀等症。

15. 牛大力山药海马瘦肉汤

材料：牛大力35g，山药40g，芡实40g，莲子25g，海马5条，猪瘦肉150g，生姜3片，食盐适量。

做法：将牛大力、山药、芡实、莲子、海马和猪瘦肉洗净，与生姜一起放入汤煲，加适量水，大火烧开后，转小火煲2小时后，加适量食盐调味即可。

功效：补肾壮阳，强筋活络。适用于小便频数、夜尿多、盗汗、神经衰弱等症。

16. 牛大力杜仲补骨脂排骨汤

材料：牛大力30g，杜仲25g，补骨脂15g，排骨250g，生姜3片，食盐适量。

做法：将排骨飞水洗净，与洗净的杜仲、补骨脂、牛大力、生姜一起放入汤煲，加适量水，大火烧开转小火煲2小时后，加适量食盐调味即可。

功效：补肾壮阳，固精缩尿。适用于小便频数、小儿遗尿、腰肌劳损等症。

17．牛大力金樱子鸡血藤骨头汤

材料： 牛大力50g，金樱子50g，鸡血藤50g，猪骨250g，生姜5片，食盐适量。

做法： 将牛大力、金樱子、鸡血藤洗净，猪骨洗净斩成段，飞水。将牛大力、金樱子、鸡血藤、猪骨和生姜一同放入汤煲内，加适量水，大火煮开后，再转小火慢煲2～3小时，关火前5分钟加食盐即可。

功效： 补虚润肺，强筋活络，活血舒筋。适用于遗精滑精、遗尿尿频、崩漏带下、久泻久痢等症。

18．南北杏枇杷叶牛大力鲫鱼汤

材料： 南杏仁12g，北杏仁12g，牛大力20g，枇杷叶20g，鲫鱼1条，生姜3片，食盐适量。

做法： 鲫鱼去鳞洗净，起油锅将鱼煎至金黄色，与洗净的南杏仁、北杏仁、牛大力、枇杷叶、生姜一同放入汤煲，加适量清水，大火烧开转小火慢炖2小时后，加适量食盐即可食用。

功效： 补虚润肺、祛痰宁咳、润肠。适用于肺热咳嗽、痰多色黄等症。

19．冬虫夏草西洋参牛大力水鸭汤

材料： 冬虫夏草7条，牛大力20g，水鸭200g，猪瘦肉150g，食盐适量。

做法： 水鸭洗净飞水，与洗净的冬虫夏草、牛大力、猪瘦肉一起放入砂煲，加适量水，大火烧开转小火炖2小时后，加入适量食盐即可。

功效：补虚损，益精气，止咳化痰。适用于阳虚体弱和病后虚损，化疗术后长期白细胞偏低，以及肺气虚和肺肾两虚等所致的咯血或痰中带血、咳嗽、气短、盗汗等症。

20. 牛大力杜仲肉苁蓉猪骨汤

材料：牛大力100g，杜仲45g，肉苁蓉30g，猪骨200g，食盐适量。

做法：牛大力、杜仲洗净后放3碗水浸泡2小时后，与肉苁蓉、猪骨一起放入砂煲，加入适量水炖煮2~3小时后，加入适量食盐调味即可。

功效：补腰肾，健筋骨，补益精血。适用于肾虚腰痛、筋骨无力等症。

21. 牛大力浮小麦参淮牛肉汤

材料：牛大力20g，浮小麦25g，党参25g，山药25g，龙眼肉25g，牛脤肉300g，生姜3片，食盐适量。

做法：将牛大力、浮小麦、党参、山药、龙眼肉、牛脤肉和生姜洗净，加适量清水一同放入汤煲，大火烧开转小火慢炖2个小时后，加入适量食盐即可食用。

功效：补益精血，健脾养胃，除虚热。适用于阴虚发热、盗汗、自汗等症。

22. 牛大力党参百合猪肺汤

材料：牛大力30g，党参30g，百合50g，猪肺1个，生姜3片，食盐适量。

做法：将牛大力、党参、百合、猪肺和生姜洗净后倒进汤煲，加适量清水，大火煮沸转小火煲2小时后，加适量食盐调味即可。

功效：补中益气，温肺止咳，养胃生津。适用于头晕乏力、心悸失眠、自汗、老年慢性支气管炎等症。

23. 金樱子牛大力泽泻瘦肉汤

材料：牛大力25g，金樱子12g，泽泻12g，猪瘦肉300g，生姜3片，食盐适量。

做法：将牛大力、金樱子、泽泻、猪瘦肉和生姜洗净后，一同放入汤煲，加适量清水，大火烧开转小火慢炖2个小时后，加入适量食盐即可食用。

功效：固精缩尿，固崩止带，强筋活络。适用于潮热、盗汗、遗精滑精、胃部不舒、嗳气等症。

24. 牛大力猫爪草夏枯草瘦肉汤

材料：猫爪草25g，牛大力30g，夏枯草40g，黄豆100g，猪瘦肉250g，生姜3片，食盐适量。

做法：黄豆泡发30分钟洗净，将猫爪草、牛大力、夏枯草、猪瘦肉和生姜洗净，将洗净的材料放入汤煲，加适量水，大火烧开转小火煲2小时后，加适量食盐调味即可。

功效：化痰散结，解毒消肿。适用于咽喉肿痛、潮热、盗汗、双叶结节甲状腺肿、甲亢等症。

25. 丹参牛大力三七炖瘦肉汤

材料：丹参25g，牛大力35g，三七片30g，猪瘦肉350g，生姜4片，食盐适量。

做法：将丹参、牛大力、三七片、猪瘦肉和生姜洗净后，一同放入汤煲，加适量清水，大火煮沸转小火煲2小时后，加适量食盐调味即可。

功效：活血祛瘀，消肿止痛，安神宁心。适用于心血管疾病、跌打瘀肿疼痛、瘀血内阻所致的胸腹痛及关节疼痛等症。

26. 牛大力粉葛鲮鱼汤

材料：牛大力30g，粉葛200g，鲮鱼1条，生姜3片，食盐适量。

做法：将牛大力、粉葛和生姜洗净，鲮鱼洗净、热锅煎至两面金黄，加适量清水，一同放入汤煲，大火烧开转小火慢炖2个小时后，加入适量食盐即可食用。

功效：强健筋骨，解肌生津，透疹。适用于外感发热头痛、项背强痛、麻疹不透、口渴、泄泻、高血压等症。

27. 牛大力沙参玉竹薏苡仁猪脚筋汤

材料：牛大力20g，玉竹25g，沙参25g，薏苡仁10g，猪脚筋250g，排骨250g，生姜3片，食盐适量。

做法：将牛大力、玉竹、沙参、薏苡仁、猪脚筋、排骨和生姜洗净放入汤煲，加适量清水，大火烧开转小火煲2小时，加适量食盐调味即可。

功效：健脾补肺，清热利湿，强健筋骨。适用于皮肤干燥、口渴咽干、声音嘶哑及病后气阴两虚等症。

28. 牛大力五指毛桃乳鸽汤

材料：牛大力100g，五指毛桃250g，乳鸽1只，猪骨头200g，生姜3片，食盐适量。

做法：将牛大力、五指毛桃洗净，乳鸽洗净备用；猪骨头冷水下汤锅，大火烧开后捞去浮沫，转文火煲1小时，再将乳鸽、牛大力、五指毛桃和生姜放进锅内，再煲30分钟后加适量食盐调味即可。

功效：健脾补肺，行气利湿，舒筋活络。适用于脾虚浮肿、食少无力、肺痨咳嗽、盗汗、带下、产后无乳、月经不调、风湿痹痛、水肿等症。

29. 鸡骨草牛大力茯苓老鸭汤

材料：牛大力20g，薏苡仁50g，茯苓35g，鸡骨草50g，鸭肉300g，生姜3片，食盐适量。

做法：将牛大力、薏苡仁、茯苓、鸡骨草洗净，用水浸泡15分钟，与鸭肉、生姜一同放进汤锅内，加入适量的清水，大火烧开转小火慢炖2小时，加适量食盐调味即可。

功效：健脾利湿，安神和胃。适用于风湿痹痛、湿气重、胃痛等症。

30. 牛大力茯苓白术猪肚汤

材料：牛大力50g，茯苓35g，白术35g，猪肚1只，生姜3片，食盐适量。

做法：将牛大力、茯苓、白术洗净，用水浸泡30分钟。将整只猪肚放入冷水锅焯水5分钟，切条；与牛大力、茯苓、白术和生姜一同放入汤煲，加适量清水，武火煮沸转文火慢炖2小时，加适量食盐调味即可。

功效：健脾益气，燥湿利水，止汗。适用于脾虚食少、腹胀泄泻、痰饮眩悸、水肿、自汗、脾虚食少、泄泻便溏等症。

31. 太子参无花果瘦肉汤

材料：太子参20g，牛大力25g，无花果50g，大枣2枚，猪瘦肉400g，生姜3片，食盐适量。

做法：将太子参、牛大力、无花果、猪瘦肉和大枣洗净，连同生姜一起放入汤煲，加适量清水，大火烧开转小火慢炖2小时后，加入适量食盐即可食用。

功效：健胃，理肠，益气润肺。适用于脾胃虚弱或消化不良、干咳无痰喉咙痒等症。

32. 山茱萸牛大力芡实煲瘦肉汤

材料：山茱萸30g，牛大力35g，芡实35g，猪瘦肉300g，食盐适量。

做法：将山茱萸、牛大力、芡实和猪瘦肉洗净，一同放入汤煲，加适量清水，大火烧开转小火慢炖2小时后，加适量食盐调味即可食用。

功效：健胃，滋肝补肾，固肾涩精。适用于贫血、腰痛、神经及心脏衰弱肝肾不足所致的腰膝酸软、遗精滑泄、眩晕耳鸣等症。

33. 牛大力无花果花生猪肚汤

材料：无花果60g，牛大力35g，花生50g，猪肚1只，生姜3片，食盐适量。

做法：将无花果、牛大力、花生洗净，猪肚焯水、切条。将洗好的食材放入汤锅，加适量水，大火烧开转小火煲2小时后，加适量食盐调味即可。

功效：健胃清肠，消肿解毒，活血通络。适用于食欲不振、脘腹胀痛、痔疮便秘、消化不良、脱肛、腹泻、乳汁不足、咽喉肿痛、热痢、咳嗽痰多等症。

34. 牛大力使君子瘦肉汤

材料： 牛大力30g，使君子15g，猪瘦肉300g，食盐适量。

做法： 将牛大力、使君子和猪瘦肉洗净放入汤锅，加适量水，大火烧开转小火煲2小时后，加适量食盐调味即可。

功效： 解毒，驱虫。适用于儿童夜睡不宁、睡眠差、有蛔虫，有辅助治疗作用。

35. 陈皮牛大力老鸭汤

材料： 牛大力25g，陈皮10g，老鸭1只，生姜3片，食盐适量。

做法： 将鸭肉洗净切块，与洗净的牛大力、生姜一起放入汤煲，加适量清水，大火烧开转小火慢炖2小时，再加陈皮再炖20分钟后，加适量食盐即可食用。

功效： 理气健脾，燥湿化痰，润肺止咳，滋阴补血。适用于胸腹胀满、脾虚饮食减少、消化不良，以及恶心呕吐、痰多咳嗽等症。

36. 牛大力花生陈皮猪脚汤

材料： 牛大力30g，花生60g，陈皮5g，猪蹄500g，生姜3片，食盐适量。

做法： 将猪蹄飞水，与牛大力、花生和生姜一起放入汤煲，加适量清水，大火烧开转小火慢炖2小时，再加陈皮炖20分钟后，加适量食盐即可食用。

功效：理气健脾，补虚润肺，补气补血。适用于脾胃气滞之脘腹胀满或疼痛、消化不良、咳嗽气喘、咳嗽痰多等症。

37．牛大力双仁猪心汤

材料：牛大力10g，酸枣仁12g，柏子仁20g，龙眼肉10g，猪心1个，生姜3片，食盐适量。

做法：将酸枣仁、柏子仁、牛大力、龙眼肉洗净；把猪心切开用沸水焯、洗净切片，连同生姜一起放入汤煲，加适量水，大火烧开转小火煲2小时后，加适量食盐调味即可。

功效：宁心安神，滋补肾阴，养肝敛汗，助睡眠。适用于心悸怔忡、失眠健忘、体虚多汗等症。

38．牛大力杜仲黄芪猪腰汤

材料：牛大力50g，杜仲30g，黄芪30g，大枣8枚，枸杞子20g，猪腰200g，生姜4片，食盐适量。

做法：将牛大力、杜仲、黄芪、大枣、枸杞子、生姜洗净；猪腰剖开切除中间血管洗净，放入汤煲内，加适量水，大火煮开后，用汤勺撇净浮沫，再转小火慢煲1～2小时，关火前5分钟加食盐调味即可。

功效：强筋骨，补气血。适用于腰膝酸软、中气不足、气血不足等症。

39．牛大力土茯苓芡实金樱子瘦肉汤

材料：牛大力50g，土茯苓50g，芡实30g，金樱子15g，石菖蒲12g，猪瘦肉150g，生姜3片，食盐适量。

做法：将各药材洗净，稍浸泡；猪瘦肉洗净，整块不必

刀切。将洗净的材料放进汤煲内,加入清水1 500mL。大火煮开转小火煲约1个小时后,调入适量的食盐即可。

功效:强筋活络,健脾补肾,解毒祛湿。适用于阴道炎、宫颈炎等症。

40. 牛大力杜仲巴戟瘦肉汤

材料:牛大力150g,杜仲25g,巴戟天25g,猪瘦肉200g,生姜4片,食盐适量。

做法:将牛大力、杜仲、巴戟天洗净,猪瘦肉清洗切大片,将洗净的材料放入汤煲内,加适量水,大火煮开转小火慢慢煲2小时,加食盐调味即可。

功效:强腰膝,补肝肾,补肾阳。适用于阳痿早泄、尿频遗尿、腰膝酸痛、风湿痛及妇女宫冷不孕、月经不调、少腹冷痛等症。

41. 西洋参牛大力山药大枣清乳鸽汤

材料:西洋参30g,牛大力25g,山药60g,大枣6枚,乳鸽200g,生姜3片,食盐适量。

做法:将乳鸽洗净,斩件。先将乳鸽放在汤锅底,再加入洗净的西洋参、牛大力、山药、大枣和生姜,加适量水,大火烧开转小火煲2小时,加适量食盐调味即可。

功效:益气补肺,健脾,养阴,清火生津。适用于肺虚久嗽、失血、咽干口渴、虚热烦倦等症。

42. 龙脷叶牛大力黄豆鲫鱼汤

材料:黄豆200g,牛大力25g,龙脷叶30g,鲫鱼1条,生姜2片,食盐适量。

做法：黄豆泡发半小时，将牛大力、龙脷叶、鲫鱼、黄豆、生姜洗净一起放入汤煲，加适量水，大火烧开后，转小火煲2小时，加入适量食盐调味即可。

功效：清肺、润肺止咳。适用于内伤肺痨失音、咽痛、支气管炎及肺气肿等症。

43. 牛大力枸杞子炖鹌鹑汤

材料：牛大力50g，枸杞子20g，鹌鹑1只，食盐适量。

做法：将鹌鹑去毛洗净斩件，与洗净的牛大力、枸杞子一起放入砂锅，加水烧开转小火煮2小时，出锅前5分钟加适量食盐调味即可。

功效：清肝明目，滋阴补肾。适用于肾气不足、视力模糊等症。

44. 霸王花牛大力猪肉汤

材料：霸王花50g，牛大力25g，猪瘦肉400g，大枣4枚，南、北杏仁各15g，生姜3片，食盐适量。

做法：将猪瘦肉用滚水焯煮5分钟取出，洗净。霸王花用清水浸软，洗净抹干水，切段。汤煲里加适量清水煮开，放入霸王花、牛大力、猪肉、大枣、南北杏仁、生姜，大火煮开，再转慢火煲2小时，加适量食盐调味即可。

功效：清凉健肺，祛痰，止咳平喘。适用于脾肺虚弱、气短心悸、虚喘咳嗽等症。

45. 西洋参笋干牛大力老鸭汤

材料：笋干100g，牛大力30g，香菇50g，西洋参10g，大枣4枚，当归3片，黄芪30g，生姜3片，老鸭半只，食盐适量。

做法： 当归、黄芪与泡好的笋干、香菇、西洋参、大枣及飞过水的老鸭，混合放入砂锅内，大火煮沸转小火炖煮3小时，加食盐调味即可。

功效： 清热、滋阴润肺。适用于食欲不振、便秘等症。

46. 牛大力甘蔗胡萝卜猪骨汤

材料： 甘蔗250g，牛大力30g，胡萝卜500g，陈皮3g，猪骨500g，生姜3片，食盐适量。

做法： 将猪骨飞水，与洗净的甘蔗、牛大力、生姜、胡萝卜一起放入汤煲内，加适量清水，大火煮沸，转小火煲1.5小时，再加入陈皮煲20分钟，加适量食盐调味即可。

功效： 清热除烦，生津润燥，益气化痰。适用于咽喉肿痛、小便不利、便秘等症。

47. 牛大力鸡骨草鹌鹑汤

材料： 牛大力50g，鸡骨草50g，鹌鹑1只，生姜3片，食盐适量。

做法： 将牛大力洗净切段，鹌鹑洗净斩件，与鸡骨草、生姜一起放入瓦煲内，加适量水，大火煮开，再转小火慢慢煲2小时，关火前5分钟加食盐即可。

功效： 清热解毒，疏肝止痛。适用于黄疸、胁肋不舒、胃脘胀痛、急慢性肝炎、乳腺炎等症。

48. 鲜橄榄牛大力海螺瘦肉汤

材料： 海螺150g，牛大力25g，瘦肉200g，新鲜橄榄6颗。

做法： 将所有材料洗净，鲜橄榄捣烂，将全部材料一起放入汤煲，加适量水，大火烧开，转小火煲2小时，加适量食盐即可。

功效：清热解毒，利咽化痰，生津止咳。适用于风热引起的咽喉炎、咽喉肿痛、烦渴、咳嗽等症。

49. 牛大力黄豆蚝豉排骨苦瓜汤

材料：牛大力25g，蚝豉10g，黄豆150g，苦瓜250g，排骨250g，生姜3片，食盐适量。

做法：将苦瓜洗净切段，黄豆泡发洗净，排骨飞水，将牛大力、蚝豉、黄豆、苦瓜、排骨放入汤煲，加适量水，大火烧开，转小火煲2小时，加入适量食盐即可。

功效：清热解毒，滋阴降火，明目。适用于中暑发热、牙痛、口腔溃烂、消化不良等症。

50. 百合牛大力陈皮鲫鱼汤

材料：牛大力30g，百合60g，陈皮5g，鲫鱼2条，猪瘦肉200g，生姜3片，食盐适量。

做法：鲫鱼去鳞去内脏洗净，另煎鱼。将牛大力、百合、猪瘦肉、生姜洗净与鲫鱼一起放入汤煲，加适量清水，大火烧开转小火慢炖2小时，加陈皮再炖20分钟后加适量食盐即可食用。

功效：清热开胃，健脾补益，润肺止咳，清心安神。适用于久咳不愈、咳痰血、神志恍惚、脚气浮肿等症。

51. 独脚金牛大力煲瘦肉汤

材料：独脚金20g，牛大力25g，猪瘦肉300g，生姜3片，食盐适量。

做法：将牛大力、独脚金洗净与洗净切块猪瘦肉放入汤煲，加生姜及适量清水，大火烧开转小火慢炖2小时后，加适量食盐即可。

功效：清热润肺，消积。适用于小儿疳积、小儿夏季热、小儿腹泻、黄疸性肝炎等症。

52. 玉竹牛大力山药银耳鸡汤

材料：玉竹25g，牛大力25g，山药150g，银耳20g，整鸡1只，生姜4片，食盐适量。

做法：将玉竹、牛大力、山药、银耳洗净，用水泡30分钟后，与鸡一起放入汤锅内，加适量清水，大火烧开转小火慢炖2小时，加适量食盐即可。

功效：清热滋阴，润肺养肺，补益五脏。适用于脾胃虚弱、胃口差、易疲倦及腹泻等症状。

53. 牛大力绵茵陈鲫鱼汤

材料：牛大力25g，绵茵陈30g，鲫鱼1条，生姜3片，食盐适量。

做法：将牛大力、绵茵陈洗净，鲫鱼洗净、另煎，把绵茵陈放入汤袋，与生姜、鲫鱼一起加水倒进汤锅中，大火煲沸后改小火煲约1小时，加入适量食盐即可。

功效：祛风湿，祛热清黄疸。适用于慢性肝炎、荨麻疹、手脚湿痒等症。

54. 牛大力土茯苓猪骨汤

材料：牛大力50g，土茯苓150g，猪骨350g，生姜3片，大枣2枚。

做法：将牛大力刮去外皮，土茯苓去外皮后擦洗干净剁薄块。将全部材料放入汤煲加水3 000mL，大火烧开10分钟，去除漂浮的泡沫，转小火煲3小时，加食盐调味即可。

功效：祛湿利尿，清热润肺，止咳，强筋活络。适用于湿疹、肺结核、支气管炎、风湿关节炎、筋骨酸痛等症。

55. 牛大力木瓜煲老鸭汤

材料：牛大力25g，木瓜2个，老鸭1只，生姜3片，食盐适量。

做法：将木瓜去皮洗净，老鸭洗净切块，洗净的牛大力和生姜一同放入汤煲，加适量清水，大火烧开转小火慢炖2小时，加适量食盐即可食用。

功效：润肺去痰，祛毒止痢，滋阴补血。适用于胃燥、干咳、体虚等症。

56. 鲜茅根牛大力霸王花猪肺汤

材料：霸王花50g，牛大力25g，鲜茅根80g，南杏仁20g，北杏仁15g，猪肺1个，大枣4枚，食盐适量。

做法：将所有材料洗净一起放入汤煲，加适量水，大火烧开转小火煲2小时，加入适量食盐即可。

功效：润肺益气，止咳除痰，利尿消肿。适用于湿热、小便不利等症。

57. 黑木耳牛大力三七猪肝汤

材料：黑木耳20g，牛大力35g，三七30g，猪肝50g，生姜3片，食盐适量。

做法：将黑木耳用温水泡发30分钟；把猪肝用开水煮沸，焯水，切成片；再将所有食材全部放入汤煲，加适量清水，大火烧开转小火慢炖2小时，加适量食盐即可。

功效：散瘀止血，消肿定痛，润肺益胃。适用于咯血、吐血、衄血、便血、崩漏、外伤出血、胸腹刺痛、跌打肿痛等症。

58. 石斛麦冬牛大力瘦肉汤

材料：猪瘦肉250g，石斛15g，牛大力20g，麦冬20g，大枣4枚，食盐适量。

做法：将所有食材洗净，放入汤锅内，加适量水，大火烧开转小火煲2小时，加适量食盐调味即可。

功效：生津止渴，清热养胃。适用于糖尿病胃阴不足、烦渴多饮、口干舌燥、小便多、大便结等症。

59. 花生黄芪牛大力红枣煲牛腴汤

材料：花生100g，牛大力20g，黄芪15g，红枣6颗，牛腴200g，生姜3片，食盐适量。

做法：将所有食材洗净，放入汤锅，加适量水，大火烧开转小火煲2小时，加适量食盐调味即可。

功效：生血补血，补脾益肺。适用于小儿发育不良、瘦弱、脾虚血气不足等症。

60. 牛大力五指毛桃猪骨汤

材料：牛大力35g，五指毛桃150g，麦冬15g，猪骨250g，食盐适量。

做法：将牛大力、五指毛桃、麦冬洗净，猪骨洗净斩成块。将所有食材倒进汤煲内，加入适量的水，大火煮开将浮沫撇去，再转小火慢慢煲2小时，关火前5分钟加适量食盐即可。

功效：舒筋活络，补脾润肺，益气健脾，祛痰化湿。适用于体倦乏力、湿气重、腰膝酸软等症。

61. 牛大力千斤拔鸡脚汤

材料：牛大力35g，千斤拔35g，鲜鸡脚10只，生姜2片，食盐适量。

做法：将牛大力、千斤拔分别洗净；鲜鸡脚剥去黄衣，焯水；所有食材放入砂锅内，加足量清水，大火烧开转小火煲2小时，加适量食盐调味即可。

功效：舒筋活络，补脾润肺，强筋骨，不仅能软化血管，还能美容；适用于腰腿关节痛、血管硬化等症。

62. 春砂仁牛大力煲鲫鱼汤

材料：春砂仁15g，牛大力20g，鲫鱼1条，生姜4片，食盐适量。

做法：将食材洗净，鲫鱼去鳞洗净，另煎，将牛大力、鲫鱼和生姜放入汤煲，加适量清水，大火烧开转小火慢炖，1小时后加春砂仁，再炖半小时后加适量食盐即可食用。

功效：消食开胃，温胃止呕，行气化湿，补虚润肺。适用于脾胃虚弱，虚寒气胀，脘腹胀痛，食欲不振等症。

63. 牛大力麦芽煲鸡肾汤

材料：牛大力25g，麦芽15g，鸡肾200g，生姜3片，食盐适量。

做法：鸡肾洗净切厚片，将洗净切片的鸡肾、牛大力、麦芽和生姜放入汤煲，加适量清水，大火烧开转小火慢炖2小时，加适量食盐即可。

功效：行气消食、健脾开胃、退乳消胀。适用于肝气郁滞或肝胃不和之胁痛、脘腹痛等症。

注意：哺乳期妇女不宜食用。

64. 牛大力鸭梨北杏鹅肉汤

材料：北杏仁12g，牛大力20g，鸭梨2个，百合45g，鹅肉500g，食盐适量。

做法：将北杏仁捣碎，与洗净的牛大力、鸭梨、百合和鹅肉一起倒进汤煲，加适量清水，大火煮沸，转小火煲2小时，加适量食盐调味即可。

功效：养阴润肺，补气生津，清热化痰止咳。适用于久咳不止、燥热郁肺之慢性支气管炎等症。

65. 糯稻根牛大力太子参煲泥鳅鱼汤

材料：牛大力20g，糯稻根25g，太子参15g，泥鳅鱼250g，生姜3片，食盐适量。

做法：将所有材料洗净放入汤煲，加适量清水，大火烧开转小火慢炖1.5小时后，调入适量食盐即可食用。

功效：益气健脾，养阴止汗。适用于产后阴虚多汗、小儿盗汗。

66. 牛大力无花果茶树菇山鸡汤

材料：茶树菇150g，牛大力25g，无花果5个，大枣3个，山鸡1只，生姜3片，食盐适量。

做法：将洗净的茶树菇、牛大力、无花果、大枣，治净山鸡，连同生姜一起放入砂煲，加适量清水，大火烧开转小火慢炖2小时后，加适量食盐即可食用。

功效：益胃健脾，消肿解毒。适用于食欲不振、脘腹胀痛、痔疮便秘、消化不良、痔疮、脱肛、腹泻、乳汁不足、咽喉肿痛、热痢、咳嗽多痰等症。

67. 石斛山药牛大力枸杞子猪骨汤

材料：石斛25g，牛大力25g，山药50g，枸杞子25g，陈皮10g，猪骨500g，食盐适量。

做法：将猪骨洗净飞水，将石斛、牛大力、山药、枸杞子和猪骨一起放入汤煲，加适量清水，大火烧开转小火慢炖2小时后加陈皮，再煲20分钟后加适量食盐即可食用。

功效：益胃生津，滋阴清热。适用于阴伤津亏、口干烦渴、食少干呕、病后虚热、目暗不明等症。

68. 牛大力黄芪大枣黄鳝汤

材料：牛大力100g，黄芪20g，大枣8个，黄鳝500g，猪腿肉300g，生姜3片，食盐适量。

做法：将所有材料洗净加适量清水一同放入汤煲，炖煮1.5小时后即可食用。

功效：壮阳，养肾补虚，强筋活络，平肝润肺。适用于糖尿病、肾虚者，黄鳝所含特种物质"鳝鱼素"能降低血糖和调节血糖，对糖尿病有较好的治疗作用。

69. 牛大力千斤拔山萸肉脊骨汤

材料：牛大力30g，千斤拔30g，牛膝12g，山茱萸12g，威灵仙12g，猪骨250g，生姜3片，食盐适量。

做法：将药材和猪骨洗净。将所有材料倒进汤锅，大火煲沸转小火煲约1小时，调入适量的食盐即可食用。

功效：滋肝补肾，固肾涩精。适用于腰肌劳损、肝肾不足所致的腰膝酸软、遗精滑泄、眩晕耳鸣等症。

70. 牛大力草龟土茯苓祛湿汤

材料：牛大力50g，草龟500g，猪肉200g，土茯苓250g，大枣6枚，食盐适量。

做法：将牛大力、草龟、猪肉、土茯苓、大枣一起放入砂煲内熬煮3～4小时，加适量食盐调味即可食用。

功效：滋阴润肺，祛湿解毒。适用于咽喉疾病，湿气重。

71. 牛大力浮小麦黑豆生蚝汤

材料：黑豆50g，牛大力30g，浮小麦25g，熟地黄15g，生蚝肉500g，龙眼肉10g，猪䐑肉300g，生姜3片，陈皮1/4个，食盐适量。

做法：将所有材料洗净，放入砂煲中，加适量清水，大火烧开转小火慢炖2小时后，加适量食盐调味即可食用。

功效：滋阴养血，养心安神，养颜乌发，益气除热。适用于自汗盗汗、阴虚火旺等症。

第二节

粥类

1. 牛大力鲫鱼糯米粥

材料：鲜牛大力100g，鲫鱼1～2条，糯米50g，生姜3片，食盐适量。

做法：将鲜牛大力洗净切片，鲫鱼洗净去鳞切片，糯米洗净，生姜切丝，将材料加水同煮粥。

功效：养肾补虚，平肝润肺。适用于食欲不振、消瘦乏力等症。

2. 牛大力茯苓麦冬粥

材料：牛大力20g，茯苓15g，麦冬15g，玉米100g。

做法：玉米加水煮粥；牛大力、茯苓、麦冬3味药煎水取浓汁，待玉米半熟时加入，一同煮熟食用。

功效：补虚润肺，宁心安神，养阴清心。适用于心阴不足、心胸烦热、惊悸失眠、口干舌燥等症。

第三节

茶类

1. 虫草花牛大力人参茶

材料：虫草花5g，人参1g，牛大力10g。

做法：将虫草花、人参、牛大力放入杯中，加适量开水，浸泡，饮用。

功效：补肺气，定喘止咳，益阴血，补肾壮阳。适用于气血不足。

2. 石斛牛大力冰糖茶

材料：石斛15g，牛大力15g，冰糖适量。

做法：将石斛、牛大力放入茶壶，加适量水煲滚，小火煲30分钟，加入冰糖即可饮用。

功效：补虚润肺，养阴清热，生津利咽。适用于低热、口干渴、虚劳烦热、免疫力低下等症。

第四节

酒类

1. 牛大力巴戟土蜂蜜酒

材料：牛大力150g，巴戟天100g，土蜂蜜50g，酒精浓度50%的米酒或高粱酒2 500 mL。

做法：将牛大力、巴戟天洗净置入酒缸内，倒入土蜂蜜和米酒，密封。每天轻摇匀，浸泡3个月后即可饮用。

功效：补腰肾，强筋骨，润肝肺，改善睡眠质量。适用于肾虚、气虚、腰膝酸软、肝肺燥热、心神不宁、睡眠不佳等症。

2. 牛大力灵芝活络酒

材料：牛大力200g，灵芝50g，枸杞子150g，酒精浓度30%的粮食酒1 000 mL。

做法：将牛大力、灵芝、枸杞子洗净沥干，全部倒入盛有1L酒的酒缸内，密封。浸泡15天左右，浸泡两周期，两次取酒混合后即可饮用。

功效：养肾补虚，强筋活络，补心安神。适用于腰酸腿痛、风湿病、慢性肝炎、支气管炎、咳嗽、肺结核等症。

参考文献

[1] 何克谏.生草药性备要［M］.广州：广东科技出版社，2009：26-58.

[2] 萧步丹.岭南采药录［M］.广州：广东科技出版社，2009：53.

[3]《广东中药志》编辑委员会.广东中药志：第一卷［M］.广州：广东科技出版社，1994：168.

[4] 戴水平，张鹏威，张俊清，等.海南黎族的养生与保健［J］.云南中医中药杂志，2011，32（6）：90-92.

[5] 梅全喜.广东地产药材研究［M］.广州：广东科技出版社，2011.

[6] 陈黄保.甜牛大力和苦牛大力的应用研究［J］.中草药，2001，32（9）：843-845.

[7] 梁爱华.广东云浮牛大力资源调查及药材品质评价［J］.广东职业技术教育与研究，2018（3）：198-200.

[8] UCHIYAMA T, FURUKAWA M, ISOBE S, et al. New oleanane-type triterpene saponins from Millettia speciosa［J］.Heterocycles, 2003, 60（3）: 655-661.

[9] 王春华，王英，王国才，等. 牛大力的化学成分研究［J］.中草药，2008，39（7）：972-975.

[10] 赖富丽，王祝年，王建荣，等.牛大力藤叶脂溶性成分的GC-MS分析［J］.热带作物学报，2009，30（5）：714-717.

[11] 宗鑫凯，赖富丽，王祝年，等.牛大力化学成分研究
　　 ［J］.中药材，2009，32（4）：520-521.

[12] 王祝年，赖富丽，王茂媛，等.牛大力根的化学成分
　　 研究［J］.热带作物学报，2011，32（12）：2378-
　　 2380.

[13] 王茂媛，赖富丽，王建荣，等.牛大力茎的化学成分
　　 研究［J］.天然产物研究与开发，2013，25（1）：
　　 53-55，91.

[14] 王呈文，陈光英，宋小平，等.牛大力的化学成分研
　　 究［J］.中草药，2014，45（11）：1515-1520.

[15] 陈德力，弓宝，刘洋洋，等.牛大力根脂溶性成分
　　 的GC-MS分析［J］.陕西中医，2015，36（9）：
　　 1248-1250.

[16] 王茂媛，羊青，王清隆，等.牛大力花苞、花朵和
　　 果荚脂溶性成分GC-MS分析［J］.热带农业科学，
　　 2016，36（7）：99-105.

[17] 沈茂杰，叶春秀，钟霞军，等.牛大力的化学成分研
　　 究［J］.华西药学杂志，2017，32（5）：456-458.

[18] 李程勋，李爱萍，徐晓俞，等.牛大力精油成分测定
　　 及其作用机制预测分析［J］.江苏农业科学，2020，
　　 48（10）：217-223.

[19] 张宏武，丁刚，李榕涛，等.牛大力中刺桐碱的分
　　 离鉴定和含量测定［J］.药物分析杂志，2011，31
　　 （6）：1024-1026.

[20] PRASANNA T B，VAIRAMANI M，KASBEKAR D P. Effects of pisatin on Dictyostelium discoideum：its relationship to inducible resistance to nystatin and extension to other isoflavonoid phytoalexins［J］. Archives of Microbiology，1998，170（4）：309-312.

[21] ARATANECHEMUGE Y，HIBASAMI H，KATSUZAKI H，et al.Induction of apoptosis by maackiain and trifolirhizin（maackiain glycoside）isolated from sanzukon（Sophora Subprostrate Chen et T. Chen）in human promyelotic leukemia HL-60 cells［J］. Oncology reports，2004，12（6）：1183-1188.

[22] SIMMONDS M S，STEVENSON P C S J. Effects of Isoflavonoids from Cicer on Larvae of Heliocoverpa Armigera［J］. Journal of Chemical Ecology，2001，27（5）：965-977.

[23] 吴鲁东，张戴英，余馥佳，等，牛大力的质量评价研究［J］.今日药学，2015，25（2）：90-92.

[24] 勾玲，唐珍，苏春蓝，等. 牛大力黄酮类成分提取条件的优化［J］. 检验检疫学刊，2020，30（2）：78-80.

[25] 谭志灿，丘思兰，高妮. Box-Behnken效应面法优化牛大力总黄酮提取工艺［J］. 中国民族民间医药，2019，28（7）：33-35.

[26] 黄江燕，唐专辉，李典鹏，等. 牛大力多糖含量的

测定［J］.安徽农业科学，2013，41（3）：1180，1195.

[27] 吕世静，黄槐莲，吴宋厦.牛大力对抗体及IL-2产生的影响［J］.上海免疫学杂志，1997，17（1）：56.

[28] 郑元升.牛大力多糖的提取及其药理活性研究［D］.广州：暨南大学，2009：3.

[29] 翟勇进，黄浩，白隆华，等.特色南药牛大力多糖含量的比较［J］.农业研究与应用，2015（4）：41-43.

[30] 常改，杨溢，霍飞，等.植物多糖的研究进展及保健功能［J］.中国公共卫生，2003，19（11）：1394-1395.

[31] 苏芬丽，杨泽锐，黄松，等.牛大力多糖提取工艺的优化［J］.海峡药学，2019，31（11）：38-41.

[32] 李薇，付满，熊子成，等.双指标优化微波酶法辅助牛大力薯中多糖提取［J］.中国食品添加剂，2017（12）：100-104.

[33] 陈勇，谢臻，巫繁菁，等.星点设计—效应面优化牛大力多糖提取工艺［J］.湖北农业科学，2014，53（22）：5507-5510.

[34] 蔡红兵，刘强，李慧，等.超声提取牛大力多糖的工艺研究［J］.中药材，2007（10）：1315-1317.

[35] 陈晨，刘平怀，罗宁，等.牛大力食用研究概况［J］.食品研究与开发，2016，37（14）：168-172.

[36] 李移，陈杰，李尚德.中药牛大力微量元素含量的测定［J］.广东微量元素科学，2008，15（2）：56-58.

[37] 黄翔，王晓平，陈晓白. 火焰原子吸收光谱法测定牛大力中矿质元素的含量［J］.安徽农业科学，2014，42（21）：6984-6985.

[38] 方草，王德立，陈德力，等. 不同产地牛大力块根的营养品质与药用品质分析［J］. 中国现代中药. 2015，17（8）：808-811.

[39] 杨建土. 不同处理方法对当归、黄芪多糖含量的影响［J］.海峡药学，2016，28（12）：35-37.

[40] 郑元升，蒲含林，麻建军.牛大力多糖对小鼠T淋巴细胞增殖的双向调节作用［J］.广东药学院学报，2008，24（1）：58-61.

[41] 石焱，弓小雪，那婕.牛大力多糖对免疫抑制小鼠的免疫调节作用［J］.临床军医杂志，2008，36（4）：530-532.

[42] 韦翠萍，刘丹丹，唐立海，等.牛大力对小鼠免疫功能的影响［J］.广州中医药大学学报，2009，26（6）：539-542.

[43] 田纪祥，钟俊武.牛大力提高小鼠免疫功能的实验研究［J］.现代医学与健康研究，2018，2（10）：59.

[44] 王柳萍，沈茂杰，杨斌，等.牛大力多糖对小鼠脾细胞增殖及分泌细胞因子的影响［J］.医药导报，2017，36（5）：480-483.

[45] 刘积光.牛大力对免疫力低下大鼠体液免疫功能的影响［J］.临床医药文献电子杂志，2019，6（28）：41-42.

[46] 罗轩，林翠梧，陈洁晶，等.牛大力多糖对小鼠抗疲劳作用的研究［J］.天然产物研究与开发，2014，26（3）：324-328.

[47] 黄翔，王晓平，陈晓白.中药牛大力抗疲劳抗应激作用的实验研究［J］.玉林师范学院学报，2014，35（2）：55-58.

[48] 杨增艳，赵湘培，周海松，等.牛大力不同提取物对亚健康小鼠的抗疲劳作用［J］.四川中医，2015，33（11）：37-39.

[49] 杨其波，陆炜高，屈庆群，等.牛大力对亚健康小鼠血常规影响的实验研究［J］.河南中医，2016，36（7）：1147-1149.

[50] 唐专辉，罗秋莲，莫静，等.牛大力多糖对小鼠常压耐缺氧的研究［J］.广西大学学报（自然科学版），2017，42（3）：1203-1208.

[51] 周添浓，刘丹丹，唐立海，等.牛大力对四氯化碳及酒精所致小鼠急性肝损伤的保护作用［J］.时珍国医国药，2009，20（10）：2585-2587.

[52] 周楚莹，赖裕玲，谢凌鹏，等.牛大力水提物对斑马鱼药物性肝纤维化损伤的保护作用［J］.新中医，2018，50（12）：12-16.

[53] 杨增艳，苏丽群，黄鑫，等.牛大力水提取物抗大鼠肝纤维化作用的研究［J］.中国医院药学杂志，2022，42（8）：796-800.

[54] 弓宝，陈德力，刘洋洋，等.牛大力根油脂抗氧化活性研究 [J].中国现代中药，2015，17（10）：1033-1036.

[55] 陈蓉蓉，蒲含林，姜华，等.牛大力多糖的分离纯化及抗氧化活性研究 [J].食品研究与开发，2014，35（3）：31-34.

[56] 曹志方，杨雨辉，郝赫宣，等.牛大力总黄酮抗氧化作用的研究 [J].海南大学学报（自然科学版），2016，34（2）：161-169.

[57] 王呈文，纪明慧，舒火明，等.牛大力总黄酮提取工艺及不同萃取物的抗氧化活性研究 [J].化学研究与应用，2013，25（5）：713-717.

[58] 王立抗，陈鸿庚，黄智霖，等.牛大力不同部位总黄酮、多酚含量及其抗氧化活性研究 [J].中华中医药学刊，2022，40（3）：139-142.

[59] 刘丹丹，魏志雄.牛大力水提物抗炎镇痛作用的实验研究 [J].中国现代中药，2014，16（7）：538-541.

[60] 齐耀群，刘若轩，李常青，等.牛大力多糖对LPS诱导的RAW264.7细胞炎性因子释放的影响 [J].中药新药与临床药理，2016，27（4）：493-497.

[61] 曹志方，杨雨辉，姚倩，等.三种清热解毒中药抗炎活性的研究 [J].黑龙江畜牧兽医，2016（11）：181-183，297.

[62] 杜顺霞，黄慧学，蒙雪芳，等.甜牛大力和苦牛大力总黄酮对小鼠急性肺损伤的影响［J］.中国实验方剂学杂志，2017，23（8）：160-165.

[63] 李崇，安朝霞，覃凤林，等.牛大力多糖对动物感染多重耐药大肠杆菌的预防作用研究［C］//中国畜牧兽医学会兽医药理毒理学分会.中国畜牧兽医学会兽医药理毒理学分会第十五次学术讨论会论文集.2019：124.

[64] 黄慧，陈洪，黄桂琼，等.中药牛大力对尿酸盐诱导小鼠模型滑膜细胞炎症的影响［J］.中国当代医药，2018，25（20）：8-11.

[65] 黄桂琼，陈洪，周迎春，等.牛大力防治尿酸性肾病的疗效及机制研究［J］.中药材，2019，42（8）：1907-1910.

[66] 苏芬丽，丘振文，孙旭，等.牛大力多糖对糖尿病小鼠降血糖作用的研究［J］.中南药学，2019，17（11）：1856-1859.

[67] 刘雅兰，张毓婷，顾琼，等.牛大力根化学成分及其抑制破骨细胞产生活性［J］.天然产物研究与开发，2019，31（12）：2046-2050，2188.

[68] 陈晓白，王晓平，赵仕花，等.牛大力对^{60}Co γ射线致小鼠造血系统损伤的保护作用［J］.中成药，2013，35（9）：1852-1856.

[69] 刘丹丹，唐立海，王艳，等.牛大力祛痰、镇咳和

平喘作用的实验研究［J］.广州中医药大学学报，
2009，26（3）：266-269.

[70] 杨增艳，周海松，赵湘培，等.牛大力水提物和醇
提物急性毒性实验研究［J］.医药导报，2014，33
（6）：721-722.

[71] 陈晓白，王晓平，黄小婷.应用单细胞凝胶电泳技术
评价牛大力的遗传毒性［J］.中国实验方剂学杂志，
2012，18（12）：222-225.

[72] 广州部队后勤部卫生部.常用中草药手册［M］.北
京：人民卫生出版社，1969.

[73] 黄兆胜.中华养生药膳大全［M］.广州：广东旅游出
版社，2004.

[74] 潘朝曦.中国药膳食谱［M］.上海：上海科学普及出
版社，2001.

[75]（唐）孟诜，张鼎.食疗本草［M］.北京：中华书
局，2011.

[76] 刘建平.《本草纲目》食疗汤粥［M］.北京：化学工
业出版社，2014.